蔬菜产地
耗损轻减实用技术

◎ 王福东　主编

中国农业科学技术出版社

图书在版编目（CIP）数据

蔬菜产地耗损轻减实用技术 / 王福东主编 .— 北京：
中国农业科学技术出版社，2021.6（2022.12重印）
ISBN 978-7-5116-5319-2

Ⅰ.①蔬… Ⅱ.①王… Ⅲ.①蔬菜园艺 Ⅳ.①S63

中国版本图书馆 CIP 数据核字（2021）第 100157 号

责任编辑　白姗姗
责任校对　马广洋
责任印制　姜义伟　王思文

出 版 者　中国农业科学技术出版社
　　　　　北京市中关村南大街 12 号　邮编：100081
电　　话　（010）82106638（编辑室）（010）82109702（发行部）
　　　　　（010）82109709（读者服务部）
传　　真　（010）82106650
网　　址　http://www.castp.cn
经 销 者　各地新华书店
印 刷 者　北京地大彩印有限公司
开　　本　880mm×1 230mm　1 /32
印　　张　4.625　彩插 36 面
字　　数　155 千字
版　　次　2021 年 6 月第 1 版　2022 年 12 月第 3 次印刷
定　　价　39.80 元

《蔬菜产地耗损轻减实用技术》
编 委 会

主　编　　王福东

副主编　　韦　强　　柯南雁

编　委（按姓氏笔画排序）

　　　　　　孙　瑞　　张松阳　　郑丽静　　郝建缨

　　　　　　晋彭辉　　钱　井　　满　杰

前　言

　　采后工作是现代农业产业链的重要组成部分，其对保持农产品品质、降低损耗率、促进产业增效和农民增收具有重要意义。目前我国蔬菜采后损耗率在 20% 以上，每年产生大量垃圾，不仅造成资源浪费和环境污染，而且经济损失更是惊人。生产实践表明，造成蔬菜损耗的原因主要有采后技术普及率低、贮运保鲜设施设备不完善、流通环节操作不规范等，其中采后技术普及率低是最主要的原因。随着北京地区蔬菜产业不断升级，消费者对高品质蔬菜需求愈加旺盛。在新冠肺炎疫情防控的特殊背景下，如何进一步提高蔬菜品质，降低蔬菜采后损耗，是目前生产流通企业、园区、合作社及生产大户面临的主要难题之一，而应用科学有效的采后管理技术是破解这一难题的关键。

　　为了把涉及多学科的、复杂的采后技术，传授给基层生产管理人员、操作工人，编者对自己 30 多年的生产实践经验及蔬菜采后管理技术的研究成果进行了梳理，对影响产地损耗的采收前管理、采收标准、预冷方式、包装技术、贮藏保鲜、运输配送、家庭保存等各环节的关键技术进行了高度总结，形成了多篇蔬菜损耗轻减技术指导意见，并汇编成《蔬菜产地耗损轻减实用技术》

一书，力求把复杂问题简单化，把简单问题系统化，把系统问题实用化。

本书得到北京蔬菜研究中心郑淑芳研究员的悉心指导，在此深表谢意。但由于编者水平有限，书中的不妥之处敬请广大读者指正。

王福东

2021 年 5 月

目　录

生菜春季采后耗损轻减实用技术

　　春季光照充足，气温快速回升，非常适合生菜的生长。生菜作为北京市最主要的叶菜品种，在快餐等餐饮行业消费量最大。结球生菜、直立生菜主要是鲜切加工后供应快餐企业，散叶生菜主要供应火锅等餐饮企业，而餐饮行业受新冠肺炎疫情影响较大，多数餐饮企业未恢复正常状态，生菜消费数量减少。另外，随着远距离运输逐步恢复常态和疫情逐渐得到控制，批发市场外埠生菜上市量增加，供应趋于正常。在此情况下，北京市生菜生产企业、园区、合作社及生产大户，为了减轻生菜采后耗损，做好采后管理和销售工作就显得尤为重要。

1. 提倡适时采收

　　早春季节光照充足、气温回升快、昼夜温差大，非常适合生菜的生长。结球生菜采收标准按照成熟度判断，六成以上即可采收，散叶生菜采收标准相对较宽泛。生产者应根据疫情防控期出现的市场新变化，综合考虑采收成熟度、价格等因素，及时调整采收标准，做到适时采收、提前采收。市场断档时，应发挥产地优势适当早采，既能保证生菜的市场供应，又能保证经济效益，还能为下茬种植提前做准备。成熟度过高销售不畅时，可采收后暂存在冷库中待售，避免出现因生菜成熟度过高、收获不及时而烂在地里的风险。4月中旬至6月初为北京市自产生菜第一个采收高峰期，因生菜单产高，采收期集中，极易发生由于采收不及时造成的裂球、腐烂问题，应适当提早采收。目前处于疫情防控期，预防滞销应作为生菜采后工作的重点。采收生菜时间应在露水干后采收，越早越好，带露水采收的生菜贮运销环节易腐烂；应在晴天或阴天采收，雨天采收的生菜湿度大、易带病菌，生菜易腐烂。

2. 关注商品性

　　抽薹、烧边、腐烂、机械损伤、褐变、黄化、冷害是春茬生菜最常出现的影响商品性的问题。早春茬口生菜定植后，气温变化幅度大，而营养体达到一定条件，生菜易出现春化现象。应注意观察生菜长势，如发现有抽薹迹象，应在抽薹前采收，提早采收能避免因抽薹失去商品性而造成的经济损失。为减少生菜因环境温度过高出现的外叶焦边、心内腐烂问题，在光照充足、环境温度过高时，应通过加大通风量、增加灌溉次数等措施，降低设施内温度；露地生菜可通过增加灌水频率来降低小环境的温度。根据销售渠道、用途，通过采前控水，确定合理采收成熟度，安排合理采收时间，保证生菜的商品性。生菜种类多，不同种类商品性状要求不同。不同种类，不同用途，采收成熟度不同，本季节鲜销生菜以九至十成成熟度为好。散叶生菜商品性要求：具有同一品种特征、叶片脆嫩、完整无破损、修整良好、无胀裂、无疤痕、无畸形、无侧芽萌发，外部叶片清洁、新鲜，无色斑、无黄叶、无老叶等不可食叶片，外部无杂物，未抽薹，无萎蔫，无腐烂。

3. 应用保鲜技术

生菜含水量高，为保证生菜品质，应注意采前控水。在露水干后采收，既可避免采收时叶片粘泥，又能避免贮运环节生菜腐烂。如叶片粘泥需要水洗，应采取通风方式，把叶片水分及时沥干，沥干后的生菜应及时销售，不适宜贮藏。根据用途调整采收成熟度，当天采收当天销售的生菜，以九至十成成熟度为好；不能及时销售需短暂贮藏的应以八至九成熟为佳；需要长期贮藏的需要八成熟采收。八成熟采收的生菜，放在温度 $0 \sim 5 ℃$、湿度 $95\% \sim 100\%$ 的冷库内贮藏，贮藏期可达 30d 以上。使用国家法律法规允许的保鲜剂进行处理，配合冷库贮藏效果更佳。本季节生菜采收后，前期应注意保温保湿，防冷害、防褐变、防萎蔫、防黄化，中后期应注意降温降湿，保持合理含水量，防腐烂、防褐变、防黄化。可用冷库存放、薄膜遮盖、增加通风、增加环境湿度等措施，科学使用保鲜技术，延长保鲜期。

4. 包装方式合理

生菜包装方式较多，应根据销售和配送方法选择适宜的包装方式，不同生菜品类，包装方式有所差异。生菜可采用保鲜膜包裹、打捆、盒装、保鲜袋包装等方式。以通透性好的 0.01mm 厚度 PEPO 膜（聚乙烯和聚烯烃复合材料膜）包裹保鲜效果最佳。激光打孔包装为新的适合叶菜的包装方式，它通过调节包装内气体组成，在抑制呼吸的同时，又能避免出现厌氧问题，减少腐烂问题发生。生菜合理包装方式应避免折断叶片，避免产生机械损伤，降低褐变、黄化、腐烂、萎蔫发生率，减少由此而造成的经济损失。

5. 家庭贮藏得当

家用冰箱冷藏室温度一般为 $2 \sim 6 ℃$。生菜适合的保鲜温度为 $0 ℃$，适合在家用冰箱中存放。因生菜含水量高，失水易萎蔫，但水分过高，又易腐烂，长时间接触空气易黄化、褐变，可用包装纸包裹后，再用保鲜膜包裹、保鲜袋包装，平衡包装内湿度和气体成分，能有效减少腐烂、黄化、褐变、萎蔫问题发生。

芹菜春季采后耗损轻减实用技术

通常所说的芹菜具体包括大西芹、普通芹菜、香芹等品类。芹菜作为北京市春季重要的叶类蔬菜，因单产高、管理简单、省工，生产者爱种植，又因含有丰富的矿物质、维生素和挥发性芳香油，具有特殊气味，有促进食欲的作用，深受消费者喜爱。冷害、拔节抽薹、空心、纤维化，萎蔫等问题，影响芹菜商品性，也是春季芹菜损耗率高的主要原因。芹菜主要消费对象为学校食堂、餐饮企业和家庭，学校、餐饮行业受疫情影响较大，多数未恢复至正常状态，芹菜消费总量受到一定影响。西芹、普通芹菜耐运输，随着远距离运输恢复常态，批发市场外埠芹菜上市量增加。在此情况下，北京市生产企业、园区、合作社及生产大户，为了减轻芹菜采后耗损，做好芹菜采后管理工作就显得尤为重要。

1. 提倡适时采收

春季光照充足、气温回升快、昼夜温差大，非常适合芹菜的生长，生长后期个体日增重较快，芹菜采收期不严格，生产者应根据疫情防控期出现的市场新变化，综合考虑产量、价格等因素，及时调整采收标准。当市场供应量不足时，应发挥产地优势适当早采，既能保证市场供应，又能提早获得收益，还能为下茬种植提前做准备。芹菜采收过晚，纤维增多、品质下降，商品性降低，甚至出现销售不及时、烂在地里的风险，造成经济损失；春茬芹菜定植后温度起伏大，易完成春化，采收迟，春化的症状易于表现出来。芹菜单产高，销售压力大，疫情防控期间应把预防滞销作为芹菜采后管理工作的重点。

2. 关注商品性

冷害、抽薹、空心、纤维化、失水后萎蔫、茎叶颜色浅，影响商品性。商品芹菜共性要求是叶柄绿色或浅绿色，有光泽，叶片新鲜，品质脆嫩，纤维少。本季采收的大西芹、普通芹菜，生长期内温度变化大，而芹菜属于低温绿体春化的长日照作物，在早春易发生春化现象。生产者应根据育苗后温度变化和绿体大小，判断是否完成春化过程。对达到春化标准的，应适当提早采收，避免因抽薹失去商品性而造成的经济损失，必要时大西芹可当作普通芹菜销售，普通芹菜可作为小芹菜采收。

为减少因环境温度过高、缺水、营养不足，出现纤维增多、空心、品质下降问题，在光照充足、温度过高、养分不足时，应通过补肥，增加小水灌溉次数等措施，降低小环境的温度，创造芹菜生长的适宜环境，满足芹菜快速生长对养分、水分的需要。浅绿色芹菜商品性最佳，除品种因素外，还与光照强度、施肥种类有关，适度遮阳、增施氮钾肥可保持芹菜浅绿色。大西芹、非空心普通芹菜品种还应经常关注空心问题。因空心造成大西芹失去商品性的问题，每年都有发生，经济损失大。如有空心迹象，应提前采收当作普通芹菜销售，避免正常采收时，出现商品性差甚至没有商品性问题。香芹因芳香味浓、茎秆脆嫩、品质佳、商品性好，更受消费者喜爱，它较普通芹菜的生长期短，采收期灵活，土地利用率高，种植风险相对较低。传统地方芹菜品种，芳香味浓；西芹品种，脆嫩纤维多，单产高。应根据销售渠道、用途，选择种植适宜的品种，通过调整施肥种类和数量，通过采前控水，控制采收成熟度，确定合理采收时间，保证芹菜的商品性。

3.科学预冷

5月中旬以后采收的大西芹、普通芹菜，菜体温度较高，特别是需要长途运输的芹菜，生产基地可通过预冷，快速降低菜体温度，从而延长芹菜的保鲜期。没有预冷设备的，一方面应通过调整采收时间等方式，尽可能降低菜体温度，另一方面应缩短短货架期，通过快采快销，在品质下降前销售，来保证芹菜品质。

4.应用保鲜技术

芹菜适宜在温度0~2℃、湿度90%~95%条件下的冷库内贮藏。本茬芹菜含水量高，且价格呈现下降走势，不宜长期贮存，但可短期贮藏。大西芹耐贮性好，含水量高，贮藏期较长；普通芹菜，特别是空心芹菜品种，茎叶易失水，失水后纤维增加，叶片更易变黄；香芹含水量高，植株小，长期贮藏易出现失水、叶片变黄、纤维增多问题。采收期集中的西芹、普通芹菜、香芹，可用短期贮藏方法延长销售期。达到采收标准的芹菜应采收后贮藏。芹菜失水后，纤维增多、品质下降，采收后可用薄膜遮盖、增加环境湿度等措施预防失水。

5.合理使用包装

芹菜包装方式简单，应根据销售渠道和配送方法选择合理包装方式。芹菜可采用保鲜膜包裹、打捆、装盒、装袋、装箱等方式。大西芹包装可整个植株进行包装，也可折下茎秆后包装；普通芹菜、香芹合理包装应以避免茎叶折断、减少机械损伤为原则；礼品销售包装应重点关注包装强度和芹菜水分过高腐烂，以及失水后黄叶问题。

6. 家庭贮存方法得当

芹菜茎叶失水后，叶片发黄、纤维增多、品质下降，可食用部分减少。家用冰箱冷藏室温度一般为 2~6℃，芹菜适合在冰箱中存放。可用包装纸包裹、保鲜膜包裹、保鲜袋包装等方法预防失水，保持芹菜商品性。早春气温低，应注意保温，避免冷害发生。

叶类蔬菜春季耗损轻减实用技术

　　叶类蔬菜在人们膳食结构中占有重要地位，是人体需要的维生素和矿物盐的重要来源。叶类蔬菜是重要的蔬菜种类，它以叶片及叶柄为产品，包括白菜、油菜、生菜等多个品类。进入惊蛰节气后，北京市气温快速回升，光照充足，越来越适合设施内叶类蔬菜的生长，叶类蔬菜上市量增加，但春季抽薹等问题逐渐增加，影响蔬菜商品性。在此情况下，北京市叶类蔬菜生产企业、园区、合作社及生产大户，为了减轻其采后耗损，做好叶类蔬菜采后管理和销售工作就显得尤为重要。

　　1. 提倡适时采收

　　早春季节光照充足、气温回升快、昼夜温差大，适合叶类蔬菜生长，生产者应根据市场需要，调整采收标准，综合考虑产量、销售价格等因素，做到适时采收。适当早采，使叶菜保持好的商品性，从而提高叶类蔬菜成品率。叶菜上市量逐步增加，价格呈降低趋势，适当早采可以减少因价格降低而造成的风险。应根据销售渠道，制定企业、园区、合作社的采收标准。应根据销售需要，在适宜采收成熟度采收。采收时间应在露水干后采收，避免叶类蔬菜粘上泥土，影响商品性。

　　2. 关注商品性

　　本茬口叶菜从播种开始气温变化幅度大，大白菜、娃娃菜、圆白菜、生菜等蔬菜易出现春化现象，应注意观察蔬菜长势，如发现有抽薹迹象的应提早采收，避免因抽薹失去商品性而造成经济损失。成熟度过低、过高，抽薹、褐变、黄化、腐烂、病虫害均影响叶类蔬菜的商品性。每年因抽薹、节间变长造成的损耗率一般在20%左右，个别甚至超过40%。因春季适宜叶菜生长，叶菜生长较快，应保证不同采收期的叶菜，商品性符合采收标准要求。整齐度差，大小、直径粗细、长短不一，应采取调节株行距、定植前对菜苗进行分级等方式解决。叶片、叶柄带有病虫害，应采取综合防治技术，提早防治。节间变长、抽薹、开花，应根据蔬菜种类，从温度控制、苗龄和种苗大小等进行管理。甘蓝等叶菜的商品性与采收成熟度有关，应根据销售终端对品质要求，调整采收成熟度。早春时节早晚温度低，冷冻害影响叶菜商品性。

3.应用保鲜技术

蔬菜损耗率高，而叶类蔬菜损耗率更高。根据不同叶类蔬菜特征、特性、用途，确定采收标准，确保合理的采收成熟度、合理的采收时间，确保蔬菜耐贮性。采前应注意控水，提高叶菜耐贮性。早晚温差大，采收后应注意保温、保湿、防冷害、防腐烂。应用的保鲜剂应符合食品安全规定，合理合规应用蔬菜保鲜剂。采用薄膜遮盖、保温被覆盖等保温保湿措施，保持菜体温湿度，保持贮藏环境温湿度，使叶菜处于最适宜的保鲜条件。注意采后环节合理衔接，保持叶菜品质，延长蔬菜保鲜期。

4.包装方式应合理

好的包装方式，能有效地保持叶菜商品性，避免机械损伤，减少腐烂等影响商品性问题，降低叶菜损耗率。叶类蔬菜包装方式应与品牌形象匹配。叶类蔬菜应采用适合的包装纸、包装盒、包装袋等方式，不仅能延长保鲜期，而且能避免折断茎叶，减少机械损伤，避免黄化、褐变、腐烂发生，降低叶菜损耗率，减少由此造成的经济损失。气调包装为新型包装方式，目前已应用到蔬菜等农产品上，它通过调整包装内气体组成，达到抑制呼吸又不至于出现厌氧呼吸问题，避免腐烂、黄化等问题发生，大幅降低叶菜损耗率，减少由此造成的经济损失，延长了货架期。

5.家庭贮藏方法得当

家用冰箱冷藏室温度一般为2~6℃，叶类蔬菜适合保鲜温度为0~5℃，叶类蔬菜适合在家用冰箱中存放。存放含水量高的小菠菜、小油菜等叶菜时，可用干净的纸张包裹，纸能吸收部分水分，从而降低叶菜湿度，能避免因湿度过高而造成的腐烂问题。应尽可能减少叶菜的家庭贮藏时间，保证品质，也能有效降低损耗率。

苗菜春季采后耗损轻减实用技术

　　苗菜包括小菠菜、小油菜、小生菜、小白菜、茼蒿、萝卜苗等多种蔬菜。苗菜以营养价值丰富、便于人体吸收、品质柔嫩、口感好、风味独特等特点，成为消费者心中的高端蔬菜。苗菜因生长期短，受自然环境因素影响小，管理简单、省工，生长期短、效益好，生产者爱种植。又因营养丰富、无污染，食用方法简单，品质高，深受消费者喜爱。苗菜主要为高端餐饮和家庭消费。春季气温不稳定，易出现窜苗、腐烂等问题，成品率低，损耗率高。在此情况下，北京市生产企业、园区、合作社及生产大户，为了减轻苗菜采后耗损，做好苗菜采后管理工作就显得尤为重要。

1. 提倡适时采收

　　春季光照充足，气温快速回升，是一年中最适宜苗菜生长的季节。苗菜一般采收标准为长度 10~12cm，依销售渠道和品种略有差异，宽叶品种短些，窄叶品种长些，菠菜等品类略长些，茼蒿等品类略短些。生产者应根据销售渠道，开始采收时应以采小为原则，即达到最小采收标准就采收，使同一茬口后期采收的苗菜高度符合采收标准。当市场供应量不足时，适当早采，既能保证市场供应，又能提早获得收益，增加种植茬数。春季采收的苗菜，因生长快，如一开始采收时符合上限长度，采收后期就会出现超过采收标准问题，甚至失去商品性。生产者应根据销售数量、生育期，确定每期播种面积和间隔期，确保采收的苗菜始终处于最佳采收时期。遇有气候条件适合苗菜生长时，应注意避风、控温、降湿，延长适采期。苗菜适采期短，采收时间集中，销售压力大，应把预防滞销作为苗菜采后管理工作的重点。苗菜采收时间应在清晨叶片无露水时采收，采收时应戴手套，以防苗菜机械损伤。

2. 关注商品性

　　春季光照充足，气温适宜，前期是一年中最适宜苗菜生长的季节，但4月中旬以后气温升高快，极易出现窜苗、腐烂等问题。窜苗、大小粗细不均、萎蔫、机械损伤、腐烂为苗菜常见影响商品性问题。为了提高苗菜整齐度，应注意设施内不同位置的播种密度。为保证苗菜品质，应根据天气情况，采取蹲、促等方式，保证不窜苗，植株健壮，内在品质佳，外观商品性好。苗菜植株个体小，采收时手直接接触，苗菜易出现机械损伤，为保证苗菜品质，在采收及加工包装过程中，应全程佩戴手套。为减缓苗菜失水，可带部分小根采收，以利于后期保鲜。采用组合方式销售苗菜的，为体现整体效果，应根据叶片大小、宽窄确定合理的采收标准。苗菜除绿色外，还有紫色、黄色、红色，通过不同色彩的搭配销售，激发消费者购买欲望。根据销售渠道、用途，通过采前合理控水，确定最佳采收时间，保证苗菜的商品性和成品率。

3. 包装保鲜技术

为避免配送、销售过程中的机械损伤，应根据销售渠道和配送方式选择最适宜的包装方式。苗菜可采用塑料盒或托盘＋保鲜膜包装，也可采用穴盘整盘销售方式。为保证保鲜效果，可在包装盒上打一定数量的通气孔，也可使用通透性好的保鲜膜作为盒盖。使用保鲜袋包装苗菜，应注意包装配送过程中的机械损伤问题。苗菜田间采收至包装车间，为防机械损伤，应使用周转筐或纸箱包装；为预防苗菜失水，可使用薄膜遮盖。贮运销过程中，苗菜应注意保持水分，预防黄叶、萎蔫、腐烂现象发生。冷冻害及高温苗菜均易发生腐烂，环境温度低于0℃时，应注意防冷冻害，20℃以上时应注意防萎蔫和腐烂。苗菜适宜在温度0~5℃、湿度95%~100%条件下保鲜。

4. 家庭贮存方法

家用冰箱冷藏室温度一般为2~6℃，苗菜可在家用冰箱中短期存放，但不宜久存，提倡即买即食。苗菜因组织鲜嫩、含水量高，易萎蔫、易机械伤、易腐烂，可装在包装盒中存放。

油菜春季采后耗损轻减实用技术

　　油菜作为北京市重要的绿叶蔬菜之一，因其生长期短，种植茬口多，管理简单，种植风险小，生产者喜欢种植，又因营养丰富，富含多种维生素和矿物质，深受消费者喜爱。团体食堂、餐饮企业和家庭消费油菜数量大，但学校食堂、餐饮行业受疫情影响，消费总量减少。随着周边省份设施、露地种植的油菜大量上市，批发市场外埠油菜上市量增加，价格呈明显的下降趋势。春季油菜拔节抽薹、黄叶、病虫害影响油菜商品性，也增加采收、加工工作量，造成损耗率高，商品率低，影响种植效益的提高。在此情况下，北京市生产企业、园区、合作社及生产大户，为了减轻油菜采后耗损，做好油菜采后管理工作就显得尤为重要。

　　1.提倡适时采收

　　油菜采收标准不严格，因大小不同，可以苗菜、鸡毛菜、油菜等不同产品上市，但对单一产品来讲，仍有一个最佳的采收标准。2月下旬开始至5月中旬本市光照充足、气温适宜，非常适合油菜的生长，油菜生长期短，单产高，销售价格在1—2月达到高峰后，价格逐渐下降。生产者应根据市场变化，综合考虑单价、产量等因素，及时调整采收标准。当市场供应量不足时，应发挥产地优势适当早采，既能保证市场供应，又能提早获得收益，还能增加种植茬数。采收时间应在露水干后的清晨或上午进行。春季后期露地种植的油菜，应避免下雨或雨后采收。苗菜迟采株型细高，纤维增加，品质降低；鸡毛菜类型油菜更应关注适采期，采收晚成品率低，采收宜早不宜晚；普通油菜采收迟，产量高，单株重量大，茎易分层，叶片变白，品质下降。每年北京市从3月下旬开始，油菜上市量剧增，价格呈快速下降趋势，再加上油菜适采期短，销售压力大，3月底4月初至5月底应把预防油菜滞销作为采后管理工作的重点。采早、采小，品质好，利于增加销售数量，价格高，单产略低，但能通过增加种植茬口，提高种植效益；采收晚、个体大，但价格低，生育期长，影响复种指数，经济效益低。

　　2.关注商品性

　　黄化、萎蔫、腐烂、抽薹、病虫害为本季油菜影响商品性的主要问题，预防抽薹和防治蚜虫成为保证油菜商品性工作的重点。春季采收的油菜，生长期内温度变化大，易发生抽薹甚至开花现象，生产者应根据种植后植株大小和温度变化情况，判断是否完成春化，如有抽薹迹象应提早采收上市。油菜采取育苗移栽方式种植，既可提高植株整齐度，又能增加单产。春季后期温度过高时，油菜易出现品质下降和烂心问题，在光照充足、温度过高时，应采取增加小水灌溉次数等措施，创造适合生长的小环境。随着温度升高，病虫害增多，本茬应重点预防蚜虫为害。油菜按照株型分为束腰型和直立型，按照通体颜色分为紫色、白色和淡绿色，应根据销售需要选择适合的种植品种，制定油菜产品标准，并通过调整种植密度、采前控水、适期采收，保证油菜的商品性。油菜商品性要求：叶片鲜嫩，色泽翠绿，光泽良好，外观一致，无色斑，无黄叶，无烂叶，无损伤，无畸形，无虫眼，无病叶。

3. 预冷与保鲜

5月中旬以后采收的油菜，菜体温度较高，温度达到25℃以上。为快速降低菜体温度，减少贮、运、销各环节的黄叶、腐烂问题，有条件的生产基地应对油菜进行预冷，降低呼吸强度，从而保证油菜品质，延长保鲜期。预冷方式主要有真空预冷、差压预冷和冷库预冷，但以真空预冷效果最好。没有预冷设备的生产者应通过调整采收时间等方式，尽可能降低采收时菜体的温度。油菜适宜在温度0~2℃、湿度95%~100%条件下保鲜。本季油菜含水量高，产品不宜长期贮存，可短期周转贮存。温度高，油菜易黄叶，失水后易萎蔫，湿度大易腐烂，贮存时间长茎易出现离层，影响油菜商品性。采收后应注意保持水分，为预防失水后萎蔫，可用薄膜遮盖保持水分。

4. 合理使用包装

包装能提升品牌形象，提高附加值，也能提高保鲜效果。油菜有气调包装、包装盒、保鲜袋、保鲜袋打孔包装、托盘＋保鲜膜等包装方式，应根据销售渠道选择适宜的包装方式。气调包装和激光打孔包装方式为近几年新的包装方式，它们通过调整包装内气体组成比例的方式抑制呼吸，从而降低呼吸强度，延长油菜的货架期。油菜合理包装应以避免叶片机械损伤，避免出现萎蔫、黄叶、腐烂为原则。

5. 家庭贮存得当

家用冰箱冷藏室温度一般为2~6℃，油菜适宜在家用冰箱中存放，但贮存时间长，会造成油菜中硝酸盐含量增高，硝酸盐可转化为亚硝酸盐，而亚硝酸盐对人体有害。应压缩油菜的家庭贮存期，以现吃现买为最好。家庭贮存过程中，为防止黄叶、萎蔫、腐烂现象发生，油菜可用保鲜膜或纸张包裹、保鲜袋包装等方式，延长保鲜期。

番茄春季采后耗损轻减实用技术

北京进入惊蛰节气后，气温回升快，光照充足，越来越适合设施内番茄的生长。番茄营养丰富，其特有的番茄红素具有良好的抗氧化效果，并且颜色多样，既可做蔬菜，又可做水果，深受消费者喜爱，是本市最重要的果类蔬菜品种。番茄适应性强，栽培容易，单产高，市场需求量大，效益高，生产者喜爱种植。春季气温逐步回升，光照逐渐增强，越来越适合番茄的生长，但春季风沙天气多，早晚温差大，温度变化大，采后措施不得当，会造成商品性降低，损耗率增加，影响种植效益。受"新型冠状病毒肺炎"疫情防控影响，农业企业、园区农业用工紧张，部分园区前期疏果不及时，造成部分番茄商品性较差，随着远距离运输逐步恢复正常，批发市场上市量增加，势必影响北京市自产番茄销售。在此情况下，北京市生产企业、园区、合作社及生产大户，为了减轻番茄采后耗损，做好番茄采后管理就显得尤为重要。

1. 提倡适时采收

光照充足、气温适宜，适合番茄生长，生产者应根据品种和销售渠道确定合理的采收成熟度，适时采收，从而保证番茄品质。判断适合采收的依据以到达终端消费时，番茄品相最佳，品质最好为原则。应根据种植品种、采后直接销售还是需要贮藏、食用方法、销售方式，制定番茄采收标准。薄皮型番茄应适当降低采收成熟度，避免过熟，减少裂果现象；同时也应避免集中打叶造成可采收数量剧增，人为增加销售压力等问题；4月下旬后采收量大，如不能及时销售，应按照贮藏标准要求采收。春季番茄过早采收，影响番茄品质，薄皮番茄品种应适时采收，厚皮品种可适当延后采收。番茄采收成熟度一般控制在七成熟至十成熟采收，应根据品种类型、用途决定采收成熟度。采收应在露水干后采收，采收时应佩戴手套。

2. 关注商品性

空果、畸形果、小果、着色不均，挤压造成的机械损伤，成熟度过高造成的裂果，成熟度过低造成的口感差，为春季影响商品性的主要问题。本茬番茄前期温度低，设施条件差的，植株不易吸收营养，易出现空果、畸形果、小果，再加上前段时间用工紧张，番茄价格高，商品性差的果实同样畅销，部分生产者未能及时完成疏果工作，但随着番茄上市量激增，商品性差的番茄会出现销售困难问题。本市一般在4月下旬出现第一个采收高峰期；早春温度低、温度起伏大，有可能推迟到5月上中旬。商品性好、整齐度高的番茄，建议分级销售，增加收入；小果、空洞果、畸形果比例高，整齐度差的番茄，建议混合销售。番茄按照果皮厚度分为薄皮品种、厚皮品种，按照含糖量分为普通番茄品种和水果型番茄品种。不同品种对采收成熟度要求不同，用途不同对采收成熟度要求也不同，直接销售的要求采收成熟度高。番茄商品性要求：果形整齐，颜色符合品种特点，成熟度适宜，色泽一致，无明显果皮颜色不均现象；新鲜，表皮完好、光滑、鲜亮、洁净，无机械损伤；无皱缩，无畸形，无裂果，无空洞果，无异味。

3. 包装方式合理

番茄包装方式多样，应根据品种特点、销售方式选择合理的番茄包装方式；使用的包装材料型号应与番茄规格匹配，既可避免出现挤压或磕碰而造成的机械损伤问题发生，也能避免包装材料浪费，从而降低包装费用。气调包装通过注入不同比例的气体，最大限度抑制番茄呼吸，从而延长番茄货架期。电商销售的番茄，包装方式应重点关注包装破损问题，避免挤压造成的腐烂问题发生。环境温度较高时，在对番茄进行采收、挑选、加工、包装时，为避免手温过高造成损伤，应佩戴手套，有利于保持番茄商品性。

4. 配送过程规范

春季虽气温回升快，但早晚温度低，应避免配送过程出现冷害，特别是部分蔬菜不能直接配送到消费者家中，需要露天存放，甚至有的消费者当天忘取菜，造成番茄出现冷害甚至冻害问题。对部分销往广州、深圳等配送距离较远的番茄，更应综合考虑品种、采收成熟度、包装方式、配送周期、配送条件等因素，以产品到达消费者时外在品相和内在质量符合交货标准为原则，适当提早采收，并采用适合远距离运输的包装方式，减少包装破损现象和番茄机械损伤问题发生。

5. 家庭保鲜得当

番茄适合存放温度范围较宽，8~12℃甚至更高些温度也可以，而家用冰箱温度一般为2~6℃，在冰箱存放5d以上，极易发生冷害，出现果肉变硬、食用品质降低问题。本季节番茄可放在室温下保存。如放冰箱保存，可装入保鲜袋内，提高袋内温度，避免冷害等问题发生，食用前应在室温下存放 24h，番茄口感更佳。

黄瓜春季采后耗损轻减实用技术

黄瓜以嫩瓜供食用，具有清热、利尿、解毒作用，可凉拌、熟食、做泡菜、腌渍、糖渍、酱渍、制干等，包括密刺黄瓜、旱黄瓜、水果黄瓜等众多品类，为重要的果类蔬菜。黄瓜单产高，市场需求量大，种植经济效益高，深受生产者喜爱；黄瓜既可做蔬菜，又可做水果，深受消费者喜爱。进入春分节气，北京地区光照充足，气温逐渐升高，越来越适合黄瓜的生长，但早晚温差大，温度起伏大，黄瓜易出现大小头、弯瓜、尖瓜、细腰瓜等影响商品性问题；配送过程易出现冷害等问题，造成损耗率高。在此情况下，北京市生产企业、园区、合作社及生产大户，应以品质为中心，减轻黄瓜采后耗损，做好黄瓜春季采后管理工作。

1. 提倡适时采收

春季光照充足、气温快速升高，昼夜温差大，黄瓜生长较快，且品质佳，商品性好。虽食用方式和品种不同，但均有最适合采收的产品标准，如密刺类黄瓜，本市以"顶花带刺"作为最佳商品性的标准之一。一般根瓜适当早采，以防坠秧；上部瓜条应当早采，以防早衰；中部瓜条在符合消费需求的前提下，适当晚采，通过提高单瓜重的方式来提高单产。在选择适宜品种的基础上，保证水肥供应，符合采收标准的应适时采收，使黄瓜保持较佳的商品性和较高的成品率。最适合黄瓜生长季节每天可增加采收次数，使达到采收标准的黄瓜能及时采收，避免符合采收标准的黄瓜漏采，造成漏采黄瓜出现成熟度高、瓜条长、单果重高、商品性低问题。

2. 关注商品性

早春黄瓜生长快，水肥管理措施不当，易脱肥缺水。脱肥、缺水、光照不足、病虫害等易造成大小头、弯瓜尖瓜、细腰瓜等问题，既影响产量，也影响商品性。部分生产者盲目追求产量，过量增施氮肥，造成黄瓜口味淡、口感差。单纯性弯瓜可通过重力作用，使瓜条变直，从而提高商品性。黄瓜生长期缺水会造成果肉脆度降低，品质下降，也影响产量。北京地区消费者更喜爱短把、果肉浅绿色、果肉细、密刺类、微甜类型黄瓜品种。生产者除应选择符合市场要求的品种外，还应提早疏瓜，使密度适宜，同时采取重施磷钾肥等措施，在保持较高的品质、较好品相的基础上，提高黄瓜产量。随着黄瓜上市数量增加，消费者可选择性增加，品质劣、商品性差的黄瓜，易出现销售价格低，甚至销售不畅等问题，应引起重视。普通大黄瓜商品性要求：瓜条完整，瓜条已充分膨大，但种皮柔嫩；具有果实固有色泽，自然鲜亮，颜色均匀，有光泽，果柄新鲜，瓜体弯度在 0.5cm 以内，瓜柄小于瓜长的 1/7，瓜腔细，小于瓜横径的 1/2，无棱，瓜条长度一致，色泽新鲜、刺瘤坚挺、无萎蔫，质地脆嫩；清洁、无杂物、无冷害、无冻害、无病斑、无腐烂、无苦味、无失水现象。

3. 包装方式合理

黄瓜有拇指黄瓜、水果黄瓜、旱黄瓜、普通大黄瓜等种类，不同种类黄瓜，包装方式差异较大，应根据销售渠道选择合理的包装方式。目前黄瓜多采用托盘＋保鲜膜、保鲜膜包裹、槽型盒等包装方式。包装材料型号应与黄瓜规格相匹配，既能减少机械损伤，又能提高产品美观度。为降低包装成本，提高包装效率，可根据包装数量，选用适宜的半自动、全自动的果蔬包装设备。为树立农产品品牌意识，产品应实行分级销售，即对黄瓜进行分级后包装，不同等级的黄瓜流向不同市场，同时实行差异定价策略，促进农产品优质优价机制的形成。

4. 配送过程规范

春季刮风天气多，早晚温度低。要采取保温措施，避免黄瓜发生冷害甚至冻害，出现商品性降低、损耗率提高等问题。应规范果蔬配送工作流程，促进电子商务等不见面交易方式的健康发展。

5. 保鲜方法得当

黄瓜适合的保鲜温度为 12~13℃，春季可在室温下保存。黄瓜含水量高，一般为 95%~98%，失水后脆性降低，品质下降。为保证黄瓜品质，防止黄瓜失水，可用保鲜膜包裹或放入保鲜袋中。家用冰箱温度一般为 2~6℃，用冰箱存放 5d 以上，黄瓜极易出现果肉果皮分层、水渍状斑等冷害症状，失去商品性，损耗率高，造成经济损失。如在家用冰箱中存放时间较长，可用保鲜膜包裹等方法，增加膜内温度，减少黄瓜水分流失，保持黄瓜新鲜度，从而达到保鲜效果。

茄子春季采后耗损轻减实用技术

茄子营养丰富，产量高，适应性强，供应时间长，是消费者爱吃、生产者爱种的一种果类蔬菜。进入春分节气后，气温回升快，光照充足，越来越适合设施内茄子的生长。受疫情防控期人员流动的影响，农业企业、园区农业用工紧张，部分园区前期管理措施不到位，造成部分茄子商品性较差，随着远距离运输逐步恢复正常，批发市场上市量增加，势必影响北京市自产茄子的销售。果肉黑心、机械损伤、冷害为春季影响商品性主要问题，也是损耗率高的主要原因。在此情况下，北京市企业、园区、合作社及生产大户，为了减轻茄子采后耗损，做好茄子采后管理工作就显得尤为重要。

1. 提倡适时采收

春季光照充足、气温适宜，适合茄子生长，生产者应根据采收标准适时采收，从而保证茄子品质。茄子按照形状划分为长茄、圆茄、灯泡茄等；按照大小划分，除普通茄子外，还有袖珍茄子。不同茄子品种采收期略有差异，通常以"茄眼睛"即萼片与果实相连接的环带宽窄作为判断是否达到采收标准的依据。达到采收标准时，应及时采收，避免采收不及时，造成果肉肉质疏松，品质降低。

2. 关注商品性

本茬前期温度低，而茄子生长对温度要求较高，低温寡照容易形成畸形果，严重时会出现果肉黑心现象，商品性差，甚至没有商品性；高湿条件下，茄子易发生病害，有个别生产者为了减少病害发生，过度控水，使果皮光泽度降低，果肉发绵，预防的方法就是提高设施内温度，保证其生长所需的光照、温湿度。如茄子表面有螨虫等残留物，采收后应用湿布擦洗干净。本茬茄子前期上市量少，产量低，价格高，特别是前段时间远距离运输不正常情况下，商品性差的畸形果也能销售，甚至价格也较高，造成多数生产者不重视前期疏果工作。商品性好的茄子，应形状整齐，色泽一致，无阴阳脸，表皮光滑、鲜亮、洁净、新鲜，无机械伤，无皱缩，果肉已充分膨大，肉质鲜嫩，但种子未完全形成，颜色均匀，并且无病斑、无腐烂、无虫害。生产者可对茄子进行分级销售，把外观好、品质佳的销售给高端渠道，增加销售收入。温度较高时，采摘、挑选、加工、包装茄子应佩戴手套，利于保持茄子商品性。

3.包装方式合理

茄子可用包装纸包裹、保鲜膜包裹、网套＋保鲜膜等方式包装。无论从采摘到包装车间，还是从包装车间进入消费环节，因茄子贮运过程中易出现机械损伤，生产者、经营者应注意合理包装方式。为防止机械损伤，大包装贮运时可用包装纸包裹。如发现果皮有失水迹象，应在包装前喷水，待水分吸收到果肉内再进行包装，能增强耐挤压能力，降低机械损伤发生率。应根据销售方式选择合理的包装方法，包装材料型号与茄子规格匹配，既可避免因挤压或磕碰而造成的机械损伤，也能减少包材浪费，降低包装费用。

4.配送过程规范

春季气温回升快，但早晚温度低，茄子等耐高温蔬菜易出现冷害甚至冻害，应采取保温措施。电商销售的茄子应注意保温，采用防挤压防碰撞的方法，预防机械损伤。

5.家庭保鲜得当

茄子适合存放温度为 10~15℃，但圆茄与长茄、普通茄子与袖珍茄子适宜存放温度略有差异，而家用冰箱温度一般为 2~6℃，存放时间长，易造成茄子发生冷害。本季节茄子可放在室温下保存。如在冰箱保存，应用包装纸、保鲜膜包裹，防止出现冷害，也能减少失水。

果类蔬菜春季采后耗损轻减实用技术

果类蔬菜包括番茄、椒类、茄子等多种蔬菜，为最重要的蔬菜种类，也是北京市民喜欢的蔬菜品种。进入惊蛰节气，气温快速回升，光照充足，越来越适合设施内果类蔬菜的生长，但早晚温差大，采收及贮运销环节措施不当，会造成损耗率增加。在此情况下，北京市果类蔬菜生产企业、园区、合作社及生产大户，为了减轻果类蔬菜采后耗损，做好采后管理就显得尤为重要。

1. 提倡适时采收

首先明确不同果类蔬菜的采收标准，采收标准与果类蔬菜品种、销售渠道、运输距离、用途等因素有关；其次采收标准应考虑普遍性和特殊性要求。以番茄为例，薄皮品种和厚皮品种，采摘和商超销售，原味番茄在本地销售和销往广州、深圳等外埠，采收后当天上市销售和采收后第三天上市销售及短期贮藏，采收标准略有差异。光照充足、气温快速升高，果类蔬菜生长较快，生产者应根据销售渠道和成熟度，适时采收，在最佳采收期采收，从而保持蔬菜成品率和商品性，避免因番茄集中打叶而出现大量集中采收问题。不同果类蔬菜采收标准不同，采收标准应考虑普遍性和特殊性要求。

2. 关注商品性

秋冬茬种植，早春采收的果类蔬菜易出现影响商品品质的问题。因前期温度低，圆茄、长茄果肉易出现黑心问题，椒类易出现果形不正问题；番茄易出现空果、畸形果问题；黄瓜生长快，易出现大小头、弯瓜等问题。应多进行观察分析，提早采取水、肥、温、光、控等措施，减少黑心、空洞果、畸形等问题发生，同时提高成品率，也能避免出现果菜上市数量大时，小果、空洞果等商品性差的蔬菜销售困难。栽培技术管理水平高、商品性好的果类蔬菜可对产品进行分级销售，注重企业产品形象的生产经营单位应对产品进行分级销售；如果生产管理水平较低，小果、空洞果多，产品整齐度差，残次品比例高，分级后残次品不易销售，建议混合销售。早春早晚温度低，应采取保温措施，预防冷害问题发生。

3.包装方式合理

好的包装，不仅可以保护商品，避免出现机械损伤，还能延长果菜货架期，好的包装方式还可作为蔬菜品牌的载体。果类蔬菜包装方式应选择合理的包装盒、托盘、周转筐等包装材料、包装方法，选择的包装材料型号应与蔬菜产品规格匹配，避免因挤压、磕碰而出现果类蔬菜机械损伤问题。防止磕碰是选择果类蔬菜包装的首选要求。果类蔬菜可选择气调包装、包装盒、托盘＋保鲜膜、周转筐等包装方式。

4.配送过程规范

春季虽气温回升快，但早晚温差大，应避免配送过程出现冷害。有的蔬菜长时间在室外露天存放，造成果类蔬菜出现冷害甚至冻害，可食用部分减少甚至不能食用，造成客户投诉率高问题。应规范配送过程，减少配送过程中的野蛮装卸，减少机械损伤，注意御寒保温，保证蔬菜品质。

5.保鲜方法得当

黄瓜适合的保鲜温度为 $12\sim13℃$，番茄为 $8\sim12℃$，茄子为 $10\sim15℃$，西葫芦为 $8\sim12℃$，丝瓜为 $10℃$，辣椒为 $8\sim12℃$。同一种蔬菜也因品种、栽培方式、适宜存贮条件不同而略有差异。本季节果类蔬菜可放在室温保存，为防失水，可用保鲜膜遮盖。家用冰箱温度一般为 $2\sim6℃$，果类存放时间较长时易出现冷害，一般不适合放在冰箱保鲜。本季节房间内温度适合果类蔬菜暂存，可在通风、避光的地方存放，既能达到果类蔬菜保鲜效果，又能节约能源，降低贮存费用，保持蔬菜风味。

甘蓝春季采后耗损轻减实用技术

甘蓝又称圆白菜、卷心菜，为北京市最重要的叶类蔬菜之一，包括圆白菜、紫甘蓝、水果甘蓝、抱子甘蓝、羽衣甘蓝等品类蔬菜。甘蓝因管理简单、操作省工，单产高、效益好，生产者爱种植；又因营养丰富，饮食方法多样，深受消费者喜爱。春季温度变化大，早晚温差大，极易出现未熟抽薹、裂球等影响商品性的问题，造成损耗率高，经济损失大。甘蓝主要消费对象为学校食堂、餐饮企业和家庭。河南、河北、山东等地春拱棚、露地种植甘蓝大量上市，造成近期批发市场外埠甘蓝上市量大增，价格明显呈下降走势。在此情况下，北京市生产企业、园区、合作社及生产大户，为了减轻甘蓝采后耗损，做好甘蓝采后管理工作就显得尤为重要。

1. 提倡适时采收

春季光照充足、气温回升快、昼夜温差大，非常适合甘蓝的生长，后期生长快，但销售价格已进入价格快速下降期，一般每周下降 0.2 元 /kg 以上，适当早采就成为提高种植效益的关键。甘蓝采收标准不严格，生产者应根据市场需要，综合考虑产量、价格等因素，及时调整采收标准。当市场供应量不足时，应发挥产地优势，适当早采，既能保证市场供应，又能提早获得收益。采收晚，成熟度过高，易出现裂球、叶片纤维化等问题，商品性降低。应根据销售渠道的要求，确定合理采收成熟度。甘蓝单产高，适采期短，采收集中，销售压力大，应根据销售渠道对品质的要求，制定合理的采收标准，在适宜成熟度采收。进入 4 月中旬后，应把预防滞销作为甘蓝采后管理工作的重点。达到采收标准不能及时销售的，应采收后贮藏。采收时间以清晨叶片露水干后越早越好。

2. 关注商品性

本季采收的圆白菜、紫甘蓝、水果型甘蓝，生长期内温度起伏大，甘蓝植株大小、低温条件若达到一定要求，极易发生春化现象，从而造成甘蓝未熟抽薹。每年早春，华北地区因春化造成的甘蓝抽薹问题时有发生，给种植户造成了极大的经济损失。早春甘蓝未熟抽薹与品种、播期、苗期温度、幼苗直径、定植期早晚、定植后管理和早春气候有关，生产者应根据种植后气温变化和营养体大小，判断发生抽薹的可能性，对已完成春化的应提早采收上市，避免因未熟抽薹造成经济损失。温度较低情况下，甘蓝品质较好，在光照充足、温度过高时，应采取增加小水灌溉次数等措施，增加小环境的湿度，创造适合甘蓝生长的小环境。紫甘蓝商品性以茎脉不明显、叶片亮紫色为佳。水果甘蓝为保证品质，应以施用农家肥为主，注重磷钾肥的施用，以叶片脆嫩、口味甜，作为判断商品性好的依据。羽衣甘蓝多施农家肥，叶片厚，纤维少，商品性好。羽衣甘蓝应在叶片鲜嫩时采收，如销售不及时，应随时摘除老叶、黄叶、病叶，保留无病虫害的嫩叶，避免叶片纤维化，影响商品性。抱子甘蓝品质应关注颜色、紧实度和单个重量。圆白菜品质要求叶片疏松的，应格外关注品种、种植密度、采收成熟度，适度稀植，六至七成熟时采收。此时采收甘蓝质脆、内外部叶片绿色，可满足餐饮企业做手撕圆白菜等对特殊品质的要求。根据销售渠道对品质的要求，应通过选择品种、合理密度、采前控水，控制采收成熟度，保证甘蓝商品性。甘蓝商品性要求：叶球外观完好，紧实度适合，茎基削平，修整良好；颜色鲜艳，光泽良好；紧实适度，大小均匀，质地均匀，无裂球、无老叶、黄叶，无烧心，无焦边，无抽薹，无机械损伤，无裂球，叶片无疵点、病斑、萎蔫、空心、病虫害、冻害。

3. 预冷保鲜

4月下旬以后采收的球形甘蓝，菜体温度高，为保证品质，有条件的生产基地可对甘蓝进行预冷，快速降低菜体温度，延长保鲜期。甘蓝预冷温度为 $1\sim2℃$。预冷方式包括真空预冷、差压预冷、冷库预冷等方式。没有预冷设备的应通过调整采收时间等方式，尽可能降低菜体温度。甘蓝适宜在温度 $0\sim2℃$、湿度 $95\%\sim100\%$ 条件下贮藏。本季圆白菜、紫甘蓝、水果型甘蓝含水量高，且随着露地甘蓝陆续进入采收期，价格下降趋势明显，产品不适宜长期贮存，为满足供应，可短期存储。抱子甘蓝种植面积小，销售价格高，含水量较普通圆白菜低，为持续供应可进行周转贮藏。甘蓝失水后，叶片萎蔫、辛辣味增加，脆度降低，品质下降，采收后应注意保湿、防萎蔫，可用薄膜、湿布遮盖保湿、增湿。

4. 合理使用包装

好的包装能提升蔬菜销售价格，增加农民收入，促进农业品牌建设。应根据销售渠道和配送方法选择合理包装方式。圆白菜、紫甘蓝、水果型甘蓝多采用保鲜膜包裹方式，抱子甘蓝多采用包装盒、托盘＋保鲜膜包装，羽衣甘蓝多采用保鲜袋包装。甘蓝合理的包装方式应以保持叶片不失水、不产生机械损伤为原则。圆白菜、紫甘蓝、水果型甘蓝包装数量较大时可采用机械裹膜方式包装，机械包装紧实度适宜，包装美观，还可节约包装材料，包装效率较人工可提高工效 5 倍以上。

5.家庭贮存方法得当

家用冰箱冷藏室温度一般为 2~6℃，甘蓝适合在家用冰箱中存放。甘蓝失水后叶片萎蔫，叶片脆性降低，辛辣味加重，还会伴随黄化等问题。为预防失水，防止外叶萎蔫，可用保鲜膜包裹、保鲜袋包装，保持包装内湿度，保持甘蓝含水量，从而保持叶片脆性。

夏收菠菜采后耗损轻减实用技术

菠菜富含胡萝卜素、维生素 C、氨基酸、核黄素及铁、磷、钠、钾等矿物质，属于营养价值较高的蔬菜。菠菜除作鲜食蔬菜外，大量被用作加工脱水菠菜和速冻菠菜的原料，用于生产方便食品配料和出口创汇。菠菜营养丰富，食用方法多样，可凉拌、炒食、做汤，是消费者喜爱的主要叶菜品种之一；种植简单省工，管理易标准化、生产易规模化。夏收菠菜效益高，生产者爱种植。但夏收菠菜易抽薹、易腐烂、易黄化，常温下保鲜期短，损耗率高，影响了经济效益。在此情况下，为了减轻菠菜采后损耗，做好夏收菠菜采后管理工作就显得尤为重要。

1. 提倡适时早采

菠菜采收期不严格，根据销售渠道、用途，苗用菠菜一般 12~15 cm，普通菠菜一般 15~30 cm 采收，采收标准影响单产。夏季光照强、气温高，菠菜种子不易出芽，出苗后，易出现叶片薄，商品性劣；菠菜在适宜光照和较低温度下，生长快，叶片薄厚适宜，但适采期短。生产者应根据市场需要，综合考虑单产、价格等因素，及时调整采收标准，避免因销售不畅，出现采收延迟，造成植株过大、商品性降低等问题，做到适时采、适当早采，最大限度保持菠菜的商品性，同时实现较高单产。市场断档时，应发挥产地优势适当早采，既能保证市场供应，又能提前获得经济效益，还能为下茬种植提前做准备。低温采收易于保持品质，并可为后续环节采后管理工作开展奠定基础；露地菠菜应在露水干后采收；采收时，应避免带土带泥；采收时叶片带露水、雨水，菠菜更易腐烂；降雨天气，应在菠菜表面雨水干后采收或在降雨前采收，贮存在冷库中。雨天采收可采用移动遮雨棚方式，在降雨前使用，不影响采收工序。

2. 关注商品性

夏收菠菜生长期光照强、气温高，而菠菜耐寒性强，耐热性弱，适宜在较低温度环境中生长。在选择抗热性强的菠菜品种的同时，还应采用苇帘、遮阳网等措施遮阳；干旱易出现抽薹、品质下降等问题，栽培上应采取小水勤浇方式，创造适合生长的小环境，浇水时间应在清晨或傍晚进行。覆盖遮阳网的，应根据光照和气温变化，调整揭盖时间，原则上是晴天盖，阴天揭；白天盖，早晚揭，防止高温、高湿及弱光造成植株徒长、叶片黄化、叶片薄、易患病等。夏收菠菜生长期短、经济价值高，为避免高温造成的营养生长受抑制而可能出现的抽薹问题，种植前应施足基肥，保持合理的株行距、适宜的生育期，保证营养和水分供应充足，能使菠菜商品性更好，保证品质和产量。菠菜商品性要求：叶片鲜绿色，柔嫩多汁，有光泽；根圆锥状，红色或白色；茎直立，叶片宽大深绿，叶柄较短；叶片新鲜，组织幼嫩，无花穗、无老化、无黄叶、无病叶、无萎蔫等不可食叶片。北京市消费者喜爱叶片大小适中、茎秆较长的菠菜品种；加工脱水菠菜和速冻菠菜应选择大叶菠菜品种。应根据用途，选择适宜的菠菜品种，通过施用基肥、合理密植、遮阳栽培、调整田间湿度，创造适合菠菜生长的环境，并采取采前控水等措施，安排合理采收时间，保证菠菜的商品性。

3. 预冷技术应用

夏菠菜采收正处于高温季节，即使早晚低温时段采收，菜体温度依然较高，为了保证品质，减少高温造成的叶绿素损失，降低贮运销环节的腐烂发生率，可采用冷库、差压、真空等预冷方式，快速降低菜体温度。菠菜适宜预冷温度为 1~2℃。差压预冷、真空预冷失水率一般在 2%~3%，为减少预冷过程中的失水问题，降低因失水而造成的损耗，可采取包装等方式降低失水率。菠菜采后预冷是降低菠菜腐烂的最有效的办法之一。

4. 应用保鲜技术

菠菜易抽薹、易腐烂、易黄化，叶片易机械损伤，损耗率高，是夏季保鲜难度最大的蔬菜之一。解决菠菜腐烂、降低损耗率是夏收菠菜降损增效的关键，采后各环节保持低温是核心措施。采收、快速降温和贮运销维持较低温度，是夏收菠菜降损增收核心措施。菠菜含水量高，为保证品质，应注意采前控水。在露水干后采收，可避免采收时叶片粘泥，又能避免贮运环节腐烂；如叶片粘泥需要水洗，应采取机械通风方式，把叶片表面水分及时沥干，但其含水量高，菠菜已经不适宜贮藏。菠菜可采用冷库、微冻藏、气调库等方式贮藏，贮藏温度为 0℃，湿度为 90%~95%，氧气浓度为 11%~16%，二氧化碳浓度为 1%~5%，但贮藏使用最多的方式还是使用冷库保鲜。夏季菠菜采收后，应注意快速降温、降湿，防腐烂、防黄化、防萎蔫，合理应用保鲜方法，延长保鲜期。

5. 加工包装合理

菠菜可采用保鲜膜包裹、包装袋包装、打捆等包装方式。应根据销售渠道和配送方法选择适合的包装方式，可在包装袋、包装膜上打孔，保持气体合理流动，可避免包装内出现厌氧呼吸问题而造成腐烂。包装过程中，折断菠菜叶片，会造成机械损伤，也会增加呼吸强度，会加快黄化、腐烂等问题发生，因此应尽可能避免折断茎叶。菠菜加工主要有脱水和速冻两种方式，脱水菠菜生产工艺简单，产品常温保存；速冻菠菜能最大限度保持养分不流失，但贮藏条件严苛，要求在 −18℃条件下保存，温度变化幅度小于 0.5℃。

6. 运输配送条件适宜

夏季气温高，菠菜在高温条件下，易失水、易腐烂变质。据调查，夏季菠菜损耗率一般在 20% 左右，极端条件下甚至可达 40%。降低损耗率必须降低腐烂发生率，而腐烂的发生与高温、高湿有直接关系，保持低温成为运输配送的重要工作。使用冷藏车辆运输的，应在装车前 2h 打冷，确保装车时降至要求温度，运输配送过程中，菠菜应保持适宜温度；常温运输配送的，应选择低温时间段运输，有条件的可用冰瓶等辅助降温措施，同时尽可能减少运输时间；运输时使用适宜的包装方式，避免机械损伤，减少呼吸热，包装内留有适宜空间，便于气体流动。电商配送可在包装内加入冰袋等辅助措施进行降温。

7. 家庭贮藏得当

家用冰箱冷藏室温度一般为 2~6℃。菠菜最佳贮藏温度为 0℃，适合在家用冰箱中存放。因菠菜含水量高，失水易萎蔫，水分过高又易腐烂，长时间接触空气易黄叶，可用包装纸或保鲜膜包裹、保鲜袋包装，平衡包装内湿度和气体成分，减少腐烂、黄化、萎蔫问题发生，用包装纸包裹后再用保鲜膜包裹、保鲜袋包装，预防腐烂、萎蔫、黄叶效果更佳。为了减少叶绿素等营养流失，应缩短家庭贮藏时间，以即买即食为最好。

苗菜夏季采后耗损轻减实用技术

苗菜包括小菠菜、小油菜、小生菜、小白菜、茼蒿、萝卜苗等多种蔬菜，颜色有绿色、黄色、紫色等多种，因其营养价值丰富、安全性高、无污染、品质柔嫩、口感好、风味独特，成为消费者心中的高端蔬菜，多用于生食，儿童成为最主要消费群体。苗菜因生长期短，受自然环境因素影响小，管理简单、省工、生长期短、销售价格高，种植经济效益好，生产者爱种植。夏季苗菜生产环节成品率低，影响了生产者的积极性；销售环节易萎蔫、易腐烂，损耗率高，经营者销售积极性受到影响。在此情况下，北京市生产企业、园区、合作社及生产大户，为了减轻苗菜夏季采后耗损，做好苗菜夏季采后管理工作就显得尤为重要。

1. 适时采收

苗菜采收标准为 10~12cm，依销售渠道和品种略有差异，菠菜可略高些，茼蒿略短些。苗菜生长需要较低温度，但夏季光照强，气温高，生长快，不适合苗菜生长，经常有苗菜窜苗等问题出现，品质不易控制。夏季生育期短，生长快，生产者应根据销售渠道对产品标准的要求，开始采收时应以采小为原则，使同一茬口后期采收的苗菜高度不超过采收标准。当市场供应量不足时，适当早采，满足市场供应，又能提早获得收益。夏季采收的苗菜，因生长快，如开始采收时符合上限长度要求，采收后期就会出现超过采收标准，甚至失去商品性。生产者应根据销售数量、生育期，加上保险系数确定每次播种面积和间隔期，确保采收的苗菜始终处于采收标准范围内。预测苗菜有可能超过采收标准时，应加大控温、降湿力度，控制生长，延长适采期。采收应在露水干后进行；雨天采收苗菜水分含量高，易粘泥，更易腐烂，最好不在雨天采收露地苗菜；苗菜最好在设施内栽培，以减少对采收的影响；露地种植的苗菜，为减少降雨对采收的影响，可加盖遮雨棚。

2. 关注商品性

影响苗菜商品性的主要因素有整齐度、健壮程度、萎蔫、黄化、褐变、腐烂以及病虫害等问题。为了提高夏收苗菜整齐度，应注意调整播种密度，同时养成按照销售数量测算种植面积，养成每天播种习惯，尽可能减少个体之间差异。为保证苗菜品质和品相，应根据天气情况，采取蹲、促等管理方式，应用遮阳网等遮阳措施，保证植株健壮不窜苗，内在品质佳、外观商品性好。为避免病虫害侵染叶片，苗菜应使用防虫网等预防措施。苗菜植株个体小，采收时手直接接触，苗菜易出现机械损伤，为保证苗菜品质，采收及加工包装过程中，应全程佩戴手套。为防止苗菜失水，可带部分小根采收，以利于后期保鲜。采用组合方式销售苗菜的，为体现整体效果，应根据叶片大小、宽窄确定合理的采收标准。苗菜除绿色外，还可搭配紫色、黄色、红色蔬菜，通过不同色彩的搭配销售，激发消费者购买欲望。根据销售渠道、用途，调整播期和密度，采取遮阳和防虫措施，通过采前合理控水，保证适宜含水量，按照标准最佳时间采收，保证苗菜的商品性。

3. 包装保鲜技术

腐烂、萎蔫、黄化、褐变、机械损伤为夏季苗菜最常出现的影响品质问题，源于苗菜自身含水量高、植株脆嫩，易受外界因素影响。首先，采收及后续加工包装过程中，手温高，应全程佩戴手套。为避免配送、销售过程中的机械损伤，应根据销售渠道和配送方式选择适宜苗菜的包装方式，最好采收时小包装一次完成。苗菜主要采用塑料盒或托盘 + 保鲜膜包装，也可采用穴盘整盘销售包装方式。为保证保鲜效果，应使用打孔包装盒，或通透性好的保鲜膜作为盒盖，避免使用保鲜袋包装。苗菜采收至包装车间，为防机械损伤应使用周转筐或纸箱包装；为防失水，可使用薄膜遮盖。苗菜贮运销过程中，应注意保持水分，控制温度，预防黄化、褐变、萎蔫、腐烂现象发生，苗菜在高温、高湿下更易发生腐烂。苗菜适宜在温度 0~5℃、湿度 95%~100% 条件下保鲜。苗菜夏季常温下损耗率一般在 20% 左右，个别品种可达 40% 以上，预防损耗率高的核心措施是保持苗菜在低温下进行采、贮、运、销工作；若无冷链设施设备，可采取"土方法"进行补救，尽可能降低苗菜温度。

4. 家庭贮存方法

苗菜适合在家用冰箱中短期存放，但提倡即买即食，不宜久存。苗菜因组织鲜嫩、含水量高，易萎蔫、易机械损伤、易腐烂，可装在打孔的包装盒中存放，也可用包装纸包裹后存放，包装纸可吸收部分水分，既保湿又不至于腐烂。

夏收韭菜采后耗损轻减实用技术

韭菜含有丰富的维生素、矿物质、碳水化合物、蛋白质等营养成分，特别是含有的芳香性物质硫化丙烯，具有诱人食欲的作用，并有一定的药用价值，深受消费者的喜爱。韭菜种植简单，一次种植多次采收，管理易标准化、生产易规模化，生产者爱种植。但夏收韭菜易纤维化、易腐烂、易黄化，保鲜期短，损耗率高，一直困扰着生产经营者。在此情况下，为了减轻夏收韭菜采后耗损，做好夏收韭菜采后管理工作就显得尤为重要。

1.提倡适时采收

韭菜采收期不严格，茎叶鲜嫩，未纤维化，韭菜味浓，株高30cm左右为适宜收割期。过早采收，茎叶纤维少，韭菜味浓，品质高，但单产低；过晚采收，单产高，但茎叶纤维化，韭菜味淡，品质差。韭菜采收时间以晴天清晨采收最好，低温采收韭菜鲜嫩，易于保持品质。韭菜夏季生长快，生育期短，只要20多天就可采收，采收位置在小鳞茎上3~4cm。采收位置过深，甚至伤及鳞茎，本茬产量高，但可能影响下茬产量；采收位置过浅，当茬产量低。夏季光照强、气温高，韭菜生长快，适采期短，生产者应根据市场需要，及时采收，为防止叶片纤维化，可适当早采。市场销售不畅，不能正常采收时，可划定区域采收，其余种植区养老根，为秋冬茬高产奠定基础。市场断档时，可适当早采，既能保证市场供应，又能提前获得经济效益。叶片带露水易腐烂，露地韭菜应在露水干后采收；采收时遇到降雨天气，韭菜更易腐烂，应在韭菜茎叶表面雨水干后采收；遇有连续降雨天气，可降雨前采收，暂存在冷库中，也可搭建简单遮雨棚，避免雨水直接淋到生长的韭菜植株上，保证雨天采收正常进行。

2.关注商品性

夏收韭菜生长期间，气温高、光照强，而韭菜属耐寒性蔬菜，更适合较低温度环境中生长，并且不耐强光。强光照会造成韭菜叶片颜色深，易纤维化，可通过遮阳方式降低光照强度，栽培上应采取小水灌溉方式及使用遮阳网，创造适合韭菜生长的小环境。浇水时间应在清晨或傍晚进行；应根据天气变化，调整遮阳网揭盖时间，原则上是晴天盖，阴天揭；白天盖，早晚揭，使韭菜叶片保持浅绿色，避免叶片黄化。韭菜生长过程中，应注意预防疫病、蓟马等病虫害，避免叶片出现病斑。采收前如遇雨天，在叶片未干的情况下，可采用机械通风阴干措施，预防韭菜叶片黄化、腐烂。宽叶韭菜高产，但韭菜味道淡；窄叶韭菜，韭菜味浓，但产量低，商品性差；紫根韭菜较普通韭菜味道浓，但单产低于普通韭菜。北京市消费者更喜欢叶片宽窄适中、味道较浓的韭菜。韭菜叶片粗细不均，过粗或过细，叶片黄化、腐烂、纤维化、带有病斑，影响商品性，增加加工环节工作量，也是韭菜损耗率高的主要原因。韭菜商品性要求：株高 20~35cm，颜色翠绿，根部鲜嫩，叶片宽度适宜，个体均匀，叶片鲜嫩未纤维化，无斑点，无病斑，无黄化，无腐烂。

3. 预冷技术应用

韭菜采收正处于高温季节，即使在清晨低温时段采收，菜体温度依然较高。为了保证韭菜品质，可采用冷库、差压等预冷方式，快速降低菜体温度，减少高温造成的叶绿素损失，降低贮运销环节的腐烂发生率。为减少预冷过程中的失水问题，可采取包装等方式降低失水率。韭菜预冷时间应以包装中部菜体温度降至要求为准。预冷时包装箱中韭菜码放不宜过高，应以不超过蔬菜周转筐高度 2/3 以内，否则会影响韭菜预冷效果。

4. 应用保鲜技术

夏收韭菜含水量高，为减少腐烂，采前应适当控水。在露水干后采收，可避免采收时叶片粘泥，又能降低韭菜含水量，避免贮运环节腐烂。如叶片粘泥需要水洗，应采取机械通风方式，把叶片表面水分及时沥干。韭菜贮藏温度为 0~5℃，湿度为 95%~100%。夏季韭菜采收后，贮运销环节应注意降温、降湿、防黄化、防腐烂、防萎蔫，以低温保鲜为主要技术措施，配以其他技术措施，提倡综合保鲜，延长保鲜期。

5. 加工包装合理

韭菜可采用保鲜膜包裹、包装袋包装、槽型盒、打捆、托盘+保鲜膜等方式，应根据品牌定位、销售渠道和配送方法选择适宜的包装方式。为减少腐烂，应在保鲜袋、保鲜膜上进行打孔处理；激光打孔包装、气调包装既能调节气体成分，抑制呼吸，又避免发生厌氧现象，减少腐烂问题发生，可延长货架期。包装过程中折断叶片，会造成机械损伤，呼吸强度增加，韭菜更易腐烂。采收时遇到雨水，在叶片阴干后，用臭氧杀菌方式能减少腐烂现象发生，但韭菜码放厚度要以能穿透为准，否则影响杀菌效果。

6. 家庭贮藏方法得当

家用冰箱冷藏室温度一般为 2~6℃。韭菜适合在家用冰箱中存放。因韭菜含水量高，失水易萎蔫，水分过高易腐烂，温度高易黄叶，可用保鲜膜包裹、保鲜袋包装，袋内、膜内加食品级包装纸包裹韭菜，可减少腐烂、黄叶、萎蔫问题发生。为了减少叶绿素等营养物质流失，应缩短家庭保存时间。

夏收芫荽采后耗损轻减实用技术

芫荽又称香菜，它以鲜嫩茎叶为食用部分，富含维生素 C 和钙，具有特殊的芳香，为重要调味类蔬菜。香菜组织脆嫩，叶片碎小，采后水分蒸腾作用旺盛，耐寒不耐热，易黄叶、易腐烂，保鲜难度大，是夏季损耗率最高的蔬菜之一，但夏季香菜价格也是一年之中最高的，种植夏收香菜效益高。难种植、易腐烂伴随着高风险，为了降低夏收香菜采后耗损，做好夏收香菜采后管理工作就显得尤为重要。

1. 适时采收

香菜株高可达 20~60cm，采收标准对高度要求较为宽泛，但要求在茎叶组织脆嫩、茎未纤维化、叶片翠绿、香菜特有的香味浓时采收。遇有高温和连雨天时，可降低采收标准，只要香菜味浓即可采收，提早采收虽然单产较低，但香菜价格高，足以弥补单产减产的影响；夏季香菜植株过高，茎易纤维化。夏天气温高，晴天 7 时，香菜菜体温度可达25℃以上，故采收时间以露水干后越早采收越好。雨后香菜含水量更高，再加上易粘泥，更易腐烂，可适当推迟采收时间。下雨时采收的香菜，极易腐烂，为保证降雨天的香菜供应，可在下雨前采收，存放在冷库中；也可在下雨前，采取遮雨设施。

2. 关注商品性

香菜黄叶、烂叶、锈根、抽薹、茎纤维化、有病叶为影响商品性的主要问题。首先创造适合生长的环境，香菜适合在 15~20℃、12h 以上长日照下生长，超过 30℃生长缓慢，并且品质差，应采用遮阳网、苇帘覆盖，降低光照强度，降低温度；种植密度适宜，株行距均匀，可使香菜大小一致；干旱情况下，生长期长，易纤维化，易出现抽薹问题，应保持适宜生长温度，保持土壤湿润，创造适宜生长环境，避免生长期过长，发生茎纤维化和植株抽薹；施足底肥，适量追施有机肥，可避免茎纤维化，保证香菜叶片脆嫩，香味浓郁。香菜分为小叶品种和大叶品种，北京市消费者更喜爱小叶香菜品种类型。香菜商品性要求：长度 20~35cm，茎叶翠绿鲜嫩，茎未纤维化，无黄叶，无烂叶，无病虫，无老叶，无锈根，无烂根，无抽薹。

3. 加工配送保鲜

采收后有条件的应进行预冷，预冷温度为2℃。没有预冷设备的可采用冰袋、碎冰等降温措施。如加工、配送、销售环节未采用冷链，可适当调高预冷温度。冷库贮藏前去掉老叶、黄叶、病伤叶，减掉部分根须，捆成小把，预冷后温度降至0~2℃时，装入蔬菜保鲜袋，封口，放到货架上，当袋内二氧化碳含量降至8%左右时，如继续贮存，应打开封口，避免出现二氧化碳伤害。贮藏的香菜可在雨天销售，提高经济效益。加工时应去除黄叶、烂叶、老叶、有病虫的叶片，切除锈根、烂根，挑选出抽薹的香菜。香菜多采用打捆、裹膜、装袋等包装方式，有条件的可采用激光打孔和气调包装方式。配送环节如采用常温配送，可在包装内加冰袋作为辅助降温措施，销售环节常温销售的可把香菜放在加冰袋、蓄冷板等降温措施的包装内或冷库中，随销售随取出，使香菜始终保持较低温度。

4. 家庭保存得当

家用冰箱冷藏室温度一般为2~6℃，香菜适宜贮藏温度为0~2℃，适合在家用冰箱中存放。香菜用纸张、保鲜膜包裹、塑料袋包装可有效延长保存时间，可减少黄化、腐烂、萎蔫现象发生。用密闭方式存放时，要注意避免出现二氧化碳伤害。

夏收奶白菜采后耗损轻减实用技术

奶白菜营养丰富，含有叶绿素、纤维素、钙、硒等营养成分，食用方法简单，是消费者喜爱的特色叶类蔬菜之一；种植简单省工，经济效益高，生产者爱种植。但奶白菜易抽薹、易褐变、易腐烂，保鲜期短，是夏季采后品质最难控制、损耗率最高的叶菜之一。为了减轻夏收奶白菜采后耗损，做好夏收奶白菜采后管理工作就显得尤为重要。

1. 提倡适时采收

奶白菜采收期不严格，但多在株高 12~15cm 时采收。夏季光照强、气温高，奶白菜生长快，适采期短，生产者应根据市场需要，及时调整采收标准，做到适时采收、适当早采。市场断档时，应适当早采，既能保证市场供应，又能保持好的商品性；采收过晚，茎结构疏松甚至离层，变老、变黄，口感差，品质降低，此问题多为销售不畅、延迟采收所造成的。露地种植奶白菜应在露水干后采收；采收时叶片带露水、雨水更易腐烂，降雨天气，应在奶白菜表面雨水干后采收；采收时如茎叶粘上泥土，应用干净的湿毛巾擦净，可避免茎表面变黄，影响品质；低温采收更易于保持奶白菜品质。

2. 关注商品性

夏收奶白菜生长期光照强、气温高，应选择耐热品种，并采用直播种植方式，可减少抽薹现象发生；创造适合奶白菜生长的环境，可采用苇帘、遮阳网等方式遮阳，降低光照强度；采用在清晨或傍晚小水勤浇方式，降低小环境的温度。覆盖遮阳网的，应根据天气变化，调整揭盖时间，原则上是晴天盖，阴天揭；白天盖，早晚揭，防止高温、高湿及弱光造成植株徒长、叶片发黄等问题。夏收奶白菜可用直播种植方式减少抽薹现象发生；种植前应施足基肥，保证营养和水分供应充足，使叶绿、茎肥大，茎脉分明。叶小、帮大、茎白的奶白菜品种，更受北京市消费者的青睐。叶片粘泥后，如水洗不干净，易出现茎变黄现象。夏收奶白菜应选择耐热和商品性状佳的品种，施足底肥，高平畦直播种植，株行距适宜，采取遮阳栽培，保持田间湿度，采前控水，适时采收，保证奶白菜的商品性。商品性要求：长度 12~15cm，叶片颜色为绿色，帮白，帮大叶小，无烧边，无病虫，无黄叶，无烂根，无抽薹现象。

3.预冷技术应用

夏收奶白菜采收期正处于高温季节，即使早晚低温时段采收，菜体温度依然较高，为了保证品质，可采用冷库、差压、真空等预冷方式，快速降低菜体温度，减少高温造成的叶绿素损失，降低贮运销环节的腐烂发生率。为减少预冷过程中的失水问题，可采取包装或加盖湿布增水等方式，降低失水率。没有预冷设施设备条件的可采用冰袋等辅助方式快速降温。

4.应用保鲜技术

奶白菜贮藏温度为 0~5℃，湿度为 90%~95%。奶白菜含水量高，为保证采后品质，应在采前 4~7d 控水。在露水干后采收，可避免采收时叶片粘泥，又能避免贮运环节腐烂。如叶片粘泥需要水洗，应采取机械通风方式，把叶片表面水分及时沥干。奶白菜贮运销过程中，应注意防腐烂、防黄化、防茎离层。奶白菜含水量高，在高温条件下，更易黄化和腐烂，失水多，茎易出现离层，脆性品质降低；常温下电商配送，可采取在包装内加入冰袋等辅助降温措施，减少腐烂现象发生。

5.加工包装合理

奶白菜可采用保鲜袋包装、槽型盒等包装方式。为避免贮运销过程对奶白菜造成机械损伤，应根据销售和配送方法选择适宜包装方式。奶白菜质脆、水分含量高，在包装过程中，茎叶易折断，造成机械损伤，机械损伤又会加快茎叶黄化、腐烂、萎蔫等问题发生。

6.配送运输环节

奶白菜是夏季保鲜难度最大的蔬菜种类之一。运输、电商配送环节，奶白菜应保持较低温度，同时还要避免机械损伤。大宗运输、电商配送应重点防磕碰、防挤压，减少机械损伤。

7.家庭保存得当

家用冰箱冷藏室温度一般为 2~6℃，奶白菜适合的保鲜温度为 0~5℃，适合在家用冰箱中存放。因奶白菜含水量高，失水易萎蔫，水分过高易腐烂，长时间接触空气易黄化，可在保鲜盒、保鲜袋内放入干净的包装纸，水分含量过大时，吸收水分，水分不足时，释放水分，可减少腐烂、黄化、萎蔫现象发生。为了减少叶绿素等营养流失，应缩短家庭保存时间。

夏收白菜采后耗损轻减实用技术

白菜富含碳水化合物、矿物盐、维生素、纤维素等营养物质，通常包括大白菜、中型白菜、娃娃菜、小白菜等品类，是北京市最重要的叶类蔬菜。白菜种植简单，生产易规模化，管理易标准化，并且单产高，市场需求量大，生产者爱种植；又因营养丰富，食用方法多样，深受消费者喜爱。但夏收白菜易黄化、易腐烂，保鲜期短、损耗率高，也存在保鲜措施不规范问题。在此情况下，北京市生产企业、园区、合作社及生产大户，为了减轻夏收白菜采后耗损，做好夏收白菜采后管理工作就显得尤为重要。

1. 提倡适时采收

夏收白菜生长快，采收期不严格，但超过适采期，成熟度过高的白菜更易得细菌性病害，再加上本季节白菜水分含量高，成熟度过高的白菜不仅耐贮性差，而且更易腐烂。当市场供应量不足时，应适当早采，提早获得收益，大白菜、中型白菜、娃娃菜最佳采收期应在九成成熟度采收，成熟度过低采收影响产量，成熟度过高采收品质降低快，达到最佳采收成熟度不能及时销售时，可采收后暂存在冷库中。夏收白菜采收注意事项：应成熟度低时提早采收，如果过晚采收，成熟度高，易裂球，耐贮性差，同时还易有细菌性斑点，商品性降低；达到采收标准时，要及时采收，采收后放入冷库暂存；为减少贮运过程中的腐烂，应在无露水的情况下采收；在雨天销售的白菜，可在下雨前采收，避免雨后采收，以降低腐烂发生率；夜间或清晨低温时段采收更利于产品保鲜。大白菜、中型白菜、娃娃菜、小白菜等品类对采收要求有所差异，生产者应综合考虑销售渠道、产量、价格等因素，并考虑消费者的消费习惯，及时调整采收标准，适时采收。

2. 关注商品性

夏季光照强、气温高，为减少因环境温度过高，而出现白菜烂心、烧边等问题，应选择耐热型的白菜品种，栽培上可采取小水勤灌等方式，降低小环境的温度，浇水时间应在清晨或傍晚进行。光照强、温度高、湿度大，病虫害发生概率增加，应提早进行预防，在农药达到安全间隔期后采收，并去除带病虫的叶片和外部老叶。按照要求使用肥料，确保亚硝酸等安全指标符合要求。中型白菜一般单棵重 750~1 250g，生长期短、品质高、商品性好，种植管理比娃娃菜省工，抗病性强，又比大白菜生长期短、品质高，适合家庭消费，种植效益好且稳定，深受生产者欢迎、消费者喜爱，适合在商超等中高端市场销售。应根据销售渠道选择种植适宜的品类和品种，确定合理密度和栽培方式，通过采前控水，控制采收成熟度，确定合理采收时间，保证白菜的商品性。小白菜除选择耐热、抗病品种，合理的水肥管理外，还应注意遮阳，通过适度光照，保证其品质。覆盖遮阳网的，应根据天气变化，调整遮阳网揭盖时间，原则上是晴天盖，阴天揭；白天盖，早晚揭。每天随光照强度的变化进行调整，避免出现覆盖后无管理状态问题，也能减少弱光造成的植株徒长、叶片黄化、叶片薄、患病等问题。中型白菜商品性要求：个体大小均匀，外层鲜嫩，包球紧实，叶片颜色黄色或淡黄色，叶球清洁、新鲜，叶片脆嫩，含水量充足，无病斑，无虫害，无烧心，无抽薹，无散叶，无腐烂、老叶、黄叶等不可食叶片。

3. 科学预冷

夏收白菜采收时菜体温度较高，贮运过程中易发生腐烂，有条件的生产基地应对白菜进行预冷，快速降低菜体温度，尽快散去田间热，以延长保鲜期，为降低损耗率奠定基础。没有预冷设备的，产品放在通风、遮阴的地方，调整采收时间，采取夜间采收等方式，尽可能降低菜体温度。白菜预冷方式主要有冷库、差压、真空等预冷方式。真空预冷降温最快，预冷时间短，效果好，但建设使用成本高；差压预冷较冷库预冷时间短，但费工；冷库一次预冷蔬菜数量大，可与加工整理、暂存周转相结合，设备利用率高，但预冷时间较长。预冷过程中应避免白菜失水。

4. 应用保鲜技术

白菜适宜在温度 0~2℃、湿度 95%~100% 条件下的冷库内贮藏。夏收大白菜、中型白菜、娃娃菜、小白菜含水量高，产品易腐烂，易患病虫害，产品不适宜长期贮存，但可短期周转贮藏。夏白菜保鲜可用冷库周转贮藏，因贮藏时间短、费工，气调库、窖藏等方式不适合夏白菜保鲜。雨后采收的白菜，其含水量更高，雨水中带有病菌等原因，白菜更易腐烂，应关注天气预报，在降雨前采收，遇有连续降雨天气，应提前采收贮存在冷库中。达到采收标准的白菜，也应及时采收，在冷库中贮存，陆续供应市场。白菜失水后，易萎蔫，品质下降，采收后应注意保湿，防萎蔫。为预防失水后出现萎蔫，采收后可用薄膜遮盖避免裸露、增加环境湿度等方法。白菜含水量高，再加上采收后菜体温度较高，贮运销环节易腐烂，可用预冷、低温贮藏等方法进行保鲜。大白菜除常用的低温保鲜措施外，还可采用保鲜剂保鲜，但应使用国家法律法规允许的保鲜剂，并按照规定的浓度和方法使用，严禁使用甲醛等法规禁止使用的方法保鲜。

5. 合理使用包装

应根据销售渠道和配送方法选择适合的包装方式。白菜种类多，包装可采用保鲜膜包裹、包装盒、托盘 + 保鲜膜、包装袋、扎捆等方式，但以 PEPO 膜包装材料包裹或打孔保鲜袋为佳，因为具有一定的透气性能，又具有一定的保湿作用，能减轻销售过程中萎蔫、腐烂的发生，包装保鲜效果最佳。白菜合理包装应以能避免折断叶片，避免造成机械损伤，利于保湿又有一定的透气性为原则。

6. 贮存方法得当

家用冰箱冷藏室温度一般为 $2\sim6\,℃$，白菜适合在家用冰箱中存放。因白菜含水量高，贮存过程中，外叶易萎蔫、心内易腐烂，可先用包装纸包裹，再用保鲜膜包裹或保鲜袋包装，既能适度保持包装内湿度，又能减少腐烂、萎蔫等问题发生。

夏收生菜采后耗损轻减实用技术

生菜含有胡萝卜素、核黄素、维生素 C、钙、铁等营养成分，并具有消炎、利尿、镇静等作用。生菜作为北京市主要的叶菜品种，包括结球生菜、散叶生菜两大类型，有绿色、紫色、红色等多种颜色，既可作为主菜，也可作为配菜，尤以餐饮行业消耗数量最大。结球生菜、直立生菜鲜切后供应快餐企业，散叶生菜主要供应餐饮企业。生菜营养丰富、质地脆嫩、味道清香、色泽丰富，食用方法多样，深受消费者喜爱；种植简单、管理省工，操作易标准化，生产易规模化，市场需求量大，种植效益高，生产者爱种植。但在夏季高温条件下，生菜更易腐烂、褐变、黄化，保鲜期短、损耗率高是采后面临的主要问题，也是影响效益的关键。在此情况下，北京市生菜生产企业、园区、合作社及生产大户，为了减轻夏收生菜采后耗损，做好夏季生菜采后管理工作就显得尤为重要。

1. 适时采收是基础

夏季光照强、气温高，生长快，生产者应根据销售方式，综合考虑采收成熟度、价格、产量等因素，及时调整采收标准，做到适时采收、适当提前采收。夏收生菜有一特点，市场短缺时价格比冬季还高，但供应数量大时，又易出现滞销问题。当市场断档时，适当早采，既能保证生菜的市场供应，又能提早获得收益，还能为下茬种植提前做准备。集中上市期，达到采收标准而不能销售时，也应及时采收，生菜可暂存在保鲜库中，避免因成熟度过高、收获不及时，而出现烂在地里的风险。结球生菜根据用途一般采收成熟度控制在七成至九成熟采收。市场供应紧张时，达到七成熟即可采收；用于贮藏和鲜切加工的一般八成熟采收；采收后销往批发市场、商超、餐饮的一般九成熟采收；十成熟采收的易爆球，商品性差，只能就近销售。散叶生菜采收标准不严格，但用于鲜切加工的生菜对采收标准要求较高。雨后采收会加重腐烂，故不适合采收，生菜采收一般在菜体温度较低的夜间或露水干后的清晨进行。

2. 关注商品性

生菜品类多，不同品类对商品性要求略有差异，影响商品性的主要问题有黄化、萎蔫、褐变、腐烂、烧边、烧心、抽薹以及叶片厚度过薄、脆性差等。夏茬生菜定植后，光照强、气温高，生长期短，可以采用遮阳、小水勤灌等降温措施，既能预防抽薹，又能保证品质。夏收生菜花芽分化期正值采收期，如不能适时采收，生育期延长，条件适宜就有抽薹的风险；应根据生育期内气候条件、生长时间提早做出判断。为减少生菜因环境温度过高以及遇到干热风，出现外叶焦边、心内腐烂等问题，在光照强、温度过高时，可通过增加灌水频率，降低小环境的温湿度，创造适合生长的小环境。根据销售渠道、用途不同，通过采前控水、合理成熟度采收、合理采收时间等措施，保证生菜的商品性。结球生菜商品性要求：叶球具有该品种特有色泽，外叶绿色或浅绿色；叶片脆嫩，修整良好，完整无破损，无胀裂，无疤痕，无畸形，无黄叶，无焦边，无抽薹，无老叶，无腐烂。

3.保鲜是关键

夏收生菜含水量高，易腐烂；结球生菜含水量高，成熟度高时，易裂球，为保证生菜品质，应注意采前控水，使之保持适宜含水量。在露水干后采收，既可避免采收时叶片粘泥，又能减少贮运环节生菜腐烂。如叶片粘泥需要水洗，应采取通风方式，把叶片表面水分及时沥干。为快速降低田间热，可采用冷库、差压、真空等快速预冷方式，降低菜体温度，所有方式中尤以真空预冷效果最佳。冷链作为生菜保鲜的基本措施，在冷链不完备的情况下，可采用冰瓶、冰袋、蓄冷板、冰利板等辅助降温措施；使用冷藏车运输，需在装车前2h使车辆处于制冷状态，测量车厢温度达到要求后装车。夏收生菜采收后应注意降温、保湿、防腐烂、防褐变、防黄化、防萎蔫，合理应用保鲜措施，延长货架期。保鲜也与成熟度有关，七八成熟度的结球生菜最耐贮藏。八成熟采收的结球生菜，放在温度0~5℃、湿度95%~100%的冷库内贮藏，贮藏期可达30d以上。

4.包装方式

合理的包装有保护产品、保鲜和品牌载体的作用。生菜可采用保鲜膜包裹、包装盒、保鲜袋等包装方式，应根据销售渠道和配送方法选择适宜的包装方式。生菜质脆，叶片易折断，发生机械损伤后呼吸强度增加，更易褐变、黄化、腐烂。包装前把采收时留的外叶去掉，加工、包装、配送过程中应避免机械损伤，合理包装能降低褐变、黄化、腐烂、萎蔫的发生率，保持商品性，降低损耗率。

5. 家庭简单贮藏

　　腐烂和褐变是家庭贮存生菜遇到的主要问题。生菜适合的保鲜温度为0℃，家用冰箱冷藏室温度一般为2~6℃，适合在家用冰箱中存放。夏茬生菜含水量高，失水易萎蔫，水分过高易腐烂，长时间接触空气易褐变、黄化，可用保鲜膜包裹、保鲜袋包装，袋内放置包装纸，吸收包装内水分，平衡气体成分，从而减少腐烂、黄化、褐变、萎蔫问题发生。生菜应随买随吃，减少家庭存放时间。

夏收苋菜采后耗损轻减实用技术

苋菜富含铁、胡萝卜素、抗坏血酸、维生素 C 等物质，是铁含量最高的蔬菜之一。苋菜不仅具有清热解毒、补气明目、利肠等保健作用，还可凉拌、炒食、做汤、做馅，是消费者夏季最喜爱的主要仿野生叶菜种类之一；种植简单，管理省工，耐热性好，效益高，生产者爱种植。但夏收苋菜易纤维化、易腐烂、保鲜期短，损耗率高。在此情况下，为了减轻夏收苋菜采后耗损，做好采后管理工作就显得尤为重要。

1. 提倡适时早采

苋菜喜温暖湿润气候条件，生长适温范围为 23~27℃，气温低于 20℃时生长缓慢，是平原地区夏季种植的主要仿野生绿叶蔬菜。苋菜采收方法有整株采收和单个叶片采收两种方式，但夏季为保持食用部位鲜嫩，多采用采收单个叶片方式。苋菜采收标准不严格，以叶片鲜嫩、适宜食用为准，叶片长度一般为 12~15cm。夏季光照强、气温高，非常适合苋菜生长，并且在高水肥条件下，叶片较厚并且鲜嫩，生长更快，单产较高。生产者应根据市场需要，适当早采，避免采收过迟，叶片纤维化，商品性降低。苋菜应在露水干后采收；降雨天气，应在苋菜表面雨水干后采收或在降雨前采收，贮存在冷库中；采收时叶片若带露水、雨水，叶片更易腐烂，不利于贮运销环节的保鲜。

2. 关注商品性

栽培苋菜主要有红苋菜、绿苋菜和彩色苋菜，红苋菜更适合夏季种植，品质也最好。叶片薄、腐烂和叶片纤维化是影响商品性的主要问题。苋菜在高温、短日照下，易抽薹开花，抽薹影响产量和品质，春季种植，抽薹率相对较低；夏季种植应采取遮阳措施，缩短光照时间，创造适合苋菜生长的环境，在光照适宜、高水肥、排水良好的条件下，叶片宽大肥厚且鲜嫩，品质更好，产量更高。苋菜商品性要求：叶片和叶柄绿色、浅绿色或紫红色，有光泽，叶片宽大，叶柄较短；叶片新鲜，组织幼嫩、无老化、无黄叶、无病叶、无萎蔫等不可食叶片。应根据用途，选择适宜种植品种，通过施用农家肥、合理密植、适度遮阳、适度浇水，创造适合苋菜生长的环境，低温时段采收，保证苋菜的商品性。

3.预冷技术应用

苋菜采收正处于高温季节，即使早晚低温时段采收，菜体温度依然较高。为了保证品质，减少高温造成的叶绿素损失，降低贮运销环节的腐烂发生率，可采用冷库、差压、真空等预冷方式，快速降低菜体温度。苋菜适宜预冷的温度为1~2℃。差压预冷、真空预冷失水率高达3%左右，为减少预冷过程中的失水问题，可采取包装、增加环境湿度等方式降低失水率，从而降低因失水而造成的损耗率。

4.加工保鲜技术

苋菜含水量高，为保证品质，应注意采前控水。在露水干后采收，可避免采收时叶片粘泥，又能避免贮运环节腐烂。如叶片粘泥需要水洗，应采取机械通风方式，把叶片表面水分及时沥干。苋菜可采用冷库、气调库等方式贮藏，贮藏温度为0℃。没有冷库的合作社、园区，可用冰袋降温或把冰块放在存放苋菜的空间内，待中下部降至较低温度时再进行包装。苋菜采收后，应注意降温、降湿，防腐烂、防黄化、防萎蔫，合理应用保鲜方法，延长保鲜期。

苋菜可采用保鲜袋、托盘+保鲜膜等包装方式。应根据销售渠道和配送方法选择适合的包装方式，可在包装袋、包装膜上打孔，增加透气性，减少因包装内出现水分含量高和厌氧呼吸问题而造成的腐烂。包装过程中，折断叶片，会造成机械损伤，增加呼吸强度，加快腐烂，因此应尽可能保持叶片完整，避免折断茎叶。

5.配送条件适宜

夏季气温高，苋菜在高温条件下，特别是叶片带水的情况下，更易腐烂变质，损耗率较高。冷藏车辆运输的，应在装车前2h打冷，确保装车时降至要求温度，运输配送过程中，苋菜应保持适宜温度；常温运输配送的，应选择低温时间段运输，尽可能缩短配送时间，有条件的可用冰瓶等辅助降温措施；电商配送可在包装内加入冰袋、冰利板等进行降温。

6.家庭贮藏得当

家用冰箱冷藏室温度一般为2~6℃。苋菜最佳贮藏温度为0℃，适合在家用冰箱中存放。因苋菜含水量高，失水易萎蔫，水分过高易腐烂，长时间接触空气易使叶片变黄，可用保鲜膜包裹、保鲜袋包装，平衡包装内湿度和气体成分，减少腐烂、萎蔫问题发生，如在保鲜膜、保鲜袋内用包装纸包裹，效果更佳。也可将苋菜先用开水焯过，再用冷水冷却，并攥成团装入保鲜袋，放于冷冻室存放；为了减少叶绿素等营养流失，应缩短家庭贮藏时间，随买随食用。

夏收甜椒采后耗损轻减实用技术

甜椒富含维生素、蛋白质、矿物质等，且有绿色、红色、白色、黄色、橙色、紫色等多种颜色，为重要的果类蔬菜。甜椒营养全面，色彩丰富，食用方法多样，生吃可补充维生素，深受消费者喜爱。甜椒为夏季当家蔬菜，采收期长，市场需求量大，种植效益好，生产者爱种植。但在高温多雨条件下，夏收甜椒带菌易引起腐烂，失水易萎蔫，挤压易出现机械损伤，产品不易保鲜，商品性降低、损耗率增加。在此情况下，为了减轻夏收甜椒采后耗损，做好采后管理工作就显得尤为重要。

1.提倡适时采收

夏季气温高、光照强，生产者应根据销售渠道确定适合的种植品种、合理采收标准，适时采收，从而保证甜椒品质。采摘时间以露水干后，尽早采摘为佳。绿色甜椒采收过早，单产低；薄皮甜椒果皮薄，更易出现机械损伤；彩椒采收早，果实变色不均匀，商品性差；绿色甜椒采收过晚，肉质变软，脆性降低，部分品种甚至转色，商品性变差；彩椒采收晚，果面容易失去光泽，并且不耐贮藏。夏收甜椒达到采收标准后，应及时采收，不能及时销售的，可采收后贮藏，以保证品质。甜椒采收时，应带有一定长度的果柄，既美观，又能防止微生物侵染果实，便于保鲜。

2.关注商品性

本茬气温高、光照强，水分蒸发量大，易出现果形不正、着色不均、阴阳面等影响商品性问题。建议对产品进行分级，实行差异化销售，不同规格产品供应不同消费市场。种植水平高、果形周正整齐一致、商品性好的甜椒，建议分级销售，增加收入；种植水平低、不周正果实占比较高、整齐度差的，建议混合销售。甜椒按照果肉厚度又分为薄皮甜椒、厚皮甜椒，果肉厚度低于0.5cm的绿色薄皮甜椒，因烹制时易入味，比厚皮甜椒品种更受消费者喜爱，但其单产低于厚皮甜椒，北京市消费者更喜欢薄皮品种绿色甜椒。彩椒着色不均、有条斑影响产品商品性。甜椒商品性要求：果形周正完整，形状整齐，颜色符合品种特点，色泽一致，表皮光滑、鲜亮、洁净，无机械损伤；新鲜，果面光滑，果柄完好，无皱缩，无畸形，无异味，无虫眼。

3.预冷技术应用

夏收甜椒采收期正处高温季节，即使清晨低温时段采收，菜体温度依然较高。当甜椒采收温度超过20℃时，采取快速预冷是降损保质的必要措施，甜椒可采用冷库、差压方式预冷，快速降低菜体温度，延长货架期。甜椒预冷适宜温度为7~10℃，在此范围内，薄皮甜椒温度低些，厚皮甜椒温度高些。在预冷过程中，可采取包装、增加环境湿度等措施减少产品失水。预冷时间应以包装中部温度降至要求为准。

4.规范贮运过程

甜椒适宜贮藏温度为9~11℃，贮藏温度与果肉厚度、含水量等有关。薄皮甜椒贮藏温度较低，厚皮甜椒贮藏温度较高。高温多雨季节种植的甜椒，产品病菌多，易引起腐烂，绿甜椒贮藏前应挑选果皮光亮、果肉厚度适宜的果实，剔除带病虫、机械损伤或幼嫩果、微红不耐贮藏的果实。贮藏前应对贮藏库和产品进行消毒处理。彩椒贮藏前应挑选果皮光亮、果形周正、果肉适宜的果实，剔除带病虫、机械损伤、果肉变软的果实。甜椒贮藏既可用冷库、气调库长期贮藏，也可用通风库、贮藏窖等传统方法短期保鲜。甜椒冷害表现为凹陷、水渍斑、腐烂、异味，贮藏过程应保持温湿度适宜，且变化小于±0.5℃，温湿度变化大，果面易结露，长时间易腐烂，影响贮藏效果。长距离运输，纸质包装箱内应使用网套或层间垫上保护用包装纸，减少机械损伤问题发生，并对产品进行预冷，以防止果肉温度高，果肉变软，品质下降。夏季销往南方的彩椒，应综合考虑包装方式、配送周期、运输条件等因素，以最终到达客户时产品果皮光滑、颜色鲜亮为原则。

5.包装方式合理

甜椒小包装有保鲜膜包裹、袋装、托盘+保鲜膜、网套等方式。外包装方式有塑料筐、塑料箱、纸质包装箱、泡沫箱等。应根据销售方式选择适合的包装方法，材料型号应与产品规格相匹配，既可避免出现挤压、磕碰而造成的机械损伤，也能避免空隙过大造成的包材浪费，降低包装费用。电商包装应考虑挤压和磕碰问题，采用网套等包装方式，降低损耗率。

6.家庭保鲜得当

甜椒适合存放温度为9~11℃，而家用冰箱温度一般为2~6℃，长期存放可能造成冷害现象。甜椒5d以内可放在冰箱保存，超过5d极易出现凹陷、水渍斑、腐烂等冷害症状。可用包装纸包裹等方式提高温度，既可减少冷害发生，又能减少失水，避免果肉变软。

夏收苦瓜采后耗损轻减实用技术

苦瓜因果实中含有的糖苷为特殊的苦味而得名，以果皮颜色分为白色和绿色两大类，果形多样。夏季食用苦瓜可增进食欲，促进消化，可除邪热、解疲劳、明目解毒。苦瓜营养丰富，食用方法简单多样，是一种深受消费者喜爱的夏季时令蔬菜；同时苦瓜种植方法简单、管理省工、采收期长、产量高，生产者爱种植。但夏收苦瓜果皮薄，贮运销过程中，挤压、磕碰易造成机械损伤，损耗率高。在此情况下，北京市生产企业、园区、合作社及生产大户，为了减轻夏收苦瓜采后耗损，做好采后管理工作就显得尤为重要。

1. 提倡适时采收

夏季光照强、气温高，非常适合苦瓜的生长。苦瓜有明确采收标准，一般开花后 12~15d 为商品嫩果的适宜采收期，此时苦瓜果实的条状或瘤状突起比较饱满，果皮具光泽，果实顶部颜色变淡。过早采收，果实未充分长成，果肉硬脆，苦味淡，适合生吃，但单产低；采收过晚，产量高，苦味浓，但果肉发绵、变软，果腔变黄甚至变红，种子部分或全部成熟，果实商品性差。采收时间以上午露水干后采收为最佳，下午温度较高，采收后菜体温度高，且果肉厚，不易散热，呼吸强度大，品质下降快。苦瓜果皮的瘤状突起类型较多，果形多样，品质差异大，生产者应根据销售渠道特点，在选择适宜种植品种的基础上，疏密适度，增加采收频率，做到适时采收，使苦瓜保持较佳的商品性和较高的成品率。

2. 关注商品性

夏季适合苦瓜生长，生长快，单产高，对水肥供应要求高。充足的底肥，适时的追肥，及时去除老叶、黄叶和病叶，创造通风透光的生长环境，增强光合作用，保持适宜的水分，防止植株早衰，延长苦瓜采收期，保持好的商品性。大棚种植苦瓜，采摘初期价格高，但产量低，采摘后期单产高，但单价低，为获得较高经济效益，可采取前期密植中后期稀植方式，即在采收 3 个瓜条后，去除部分植株，既能获得前期较高产量，又能保持中后期通风透光的生长环境，使中后期不至于密度太高，通透性差影响果实商品性。苦瓜果皮颜色有白色、乳白色、浅绿色、绿色、深绿色等多种；按照长度分为长型、中型、短型和袖珍品种，中型、短型和袖珍品种适合超市销售，长型品种适合农贸市场等渠道销售；白玉苦瓜、黑珍珠苦瓜等品种以外形美观、品质好，成为北京销售最好的苦瓜品种。果肉变软、机械损伤是影响商品性的主要问题。普通苦瓜商品性要求：具有品种固有的典型风味和营养特征，成熟度适度、一致；瓜条整齐一致，瓜体笔直弯度在 0.5cm 以内；圆润无尖，棒状瓜条，齐头，钝尾，瘤状饱满，色泽新鲜、刺瘤坚挺，瓜皮拥有品种固有颜色，果皮油亮有光泽，果肉厚，果腔小，果实发育均匀，质地脆嫩；无病虫害，无疵点，无冻害，无损伤，不萎蔫。

3. 包装方式合理

苦瓜包装分为田间采收包装和销售小包装两种方式。田间使用包装应以避免瓜条间发生机械损伤为原则，可用包装纸包裹等方法进行预防。销售小包装应根据销售渠道特点选择合理的包装方式，目前主要包括保鲜膜包裹、槽型盒、套袋等方式。白玉苦瓜等果皮较薄、水分含量高的品种，更易出现蹭伤，包装材料型号应与苦瓜规格相匹配，同时使用网套进行保护，既可提高产品美观度，又能减少机械损伤，降低损耗率，保持好的商品性。套袋栽培为苦瓜新型包装方式，它把二次包装变为一次包装，降低了包装成本，同时提高了成品率和整齐度。多数苦瓜品种整齐度较差，为树立农产品品牌意识，应对苦瓜进行分级销售，既能提高包装美观度，又能实现优质优价。

4. 配送过程规范

苦瓜配送过程中，易出现机械损伤，机械损伤在高温下易腐烂，影响苦瓜商品性。电商配送环节多，有时把产品露天存放，消费者不能及时收货，高温、雨淋会造成苦瓜腐烂，退单退货增多。应规范配送过程，采用网套 + 保鲜膜、网套 + 包装盒等抗挤压包装方式，减少机械损伤，减少腐烂，促进果蔬销售方式的健康发展。

5. 保鲜方法得当

苦瓜适合的保鲜温度为 10~15℃，而家用冰箱温度一般为 2~6℃，冰箱长期存放 5d 以上，易出现果肉果皮分层、黑点、暗斑等冷害症状。如在家用冰箱存放苦瓜，可用保鲜膜、包装纸包裹等方法，增加膜内温度，又可减少水分流失，从而保证保鲜效果。苦瓜在高温条件下，后熟作用会加快完成，造成果肉变软，失去脆感，果皮颜色变黄、最后变红，种子加快成熟，品质降低，商品性变差；长期低温又易出现冷害，家庭保存建议以不超过 5d 为最好。

夏收豇豆采后耗损轻减实用技术

豇豆营养价值高，富含蛋白质、脂肪、碳水化合物、膳食纤维及胡萝卜素、维生素及矿物质，其中嫩荚蛋白质含量高达3%。豇豆为夏季重要的蔬菜品种，有紫红色、绿色、浅绿色等颜色。豇豆因管理简单、种植省工，种植效益高，生产者爱种植；豇豆具有药用和食用价值，且炒蒸煮拌食用方法多样，深受消费者喜爱。豇豆易落花落荚，易出现鼓豆现象，易出现锈病，易腐烂，损耗率高。在此情况下，北京市生产企业、园区、合作社及生产大户，为了减轻夏收豇豆采后耗损，做好豇豆采后管理工作就显得尤为重要。

1. 提倡适时采收

高温季节的7—9月为北京市蔬菜供应淡季，但夏季光照强、气温高，非常适合菜用豇豆的生长，豇豆也成为保证淡季有效供应的主要品种之一。豇豆采收标准不严格，但豇豆采收过早，荚脆嫩、纤维少、单产低；采收过晚，单产高，但豆荚易出现鼓豆现象，品相差，商品率降低。紫红色、浅绿色品种采收晚，更易出现鼓豆现象，豆荚也更易纤维化，成品率较绿色品种更低。采收时应根据消费习惯，适当提早采收嫩荚，不仅能提高后续花序结荚率，也能减少籽粒消耗过量营养，避免植株早衰。露水干后采收豇豆，禁止雨天或雨后采收，能有效降低贮运过程中的腐烂问题。生产者应综合考虑单产、价格、商品性、成品率等因素，制定合理采收标准，并根据销售需要适时调整采收标准，适时采收，达到采收标准不能及时销售时，应采收后在冷库暂存。

2. 关注商品性

夏季强光照、高温有利于豇豆提早开花，提高结荚率，促进豆荚发育；生育期温度低，豆荚生长慢，且易出现弯曲、锈斑，但温度过高，易出现少籽豆荚或落花落荚；结荚期缺水缺肥会造成植株早衰，水分过多甚至积水会造成植株徒长、落花落荚，甚至死秧；氮磷钾肥失衡也会造成落花落荚。应选择抗热性强、商品性好的品种，适期播种，合理密植，保证通风透光。开花期、结荚期环境温度过高时，可采取小水勤浇或以水带肥等方式，创造适合生长的小环境，浇水时间应在清晨或傍晚进行。锈斑、尖部萎缩、鼓豆等是影响豇豆商品性的主要原因。豇豆病毒病易造成豆荚末端扭曲，锈病可造成豆荚锈斑，采收晚或品种原因，易出现鼓豆现象，造成豆荚成品率低，商品性差，紫红色豇豆品种较普通深绿色豇豆更易出现鼓豆现象。应在选择种植适宜品种、采取栽培措施基础上，科学防治病虫害，使用安全间隔期短的农药，保证品品质相符合要求。环境湿度大，豇豆表皮带水，会加重锈病和腐烂。豇豆商品性要求：条形良好，豆荚顶端不卷曲，豆荚饱满脆嫩，成熟适度，籽粒未显露，无筋、易折断，未纤维化，洁净，表皮光泽鲜亮，豆荚较直，无皱缩和斑痕，无明显机械损伤，无软腐，无折断，无锈斑，无斑痕，无异味，无冷害，无冻害，无异常水分。

3. 科学预冷

夏收豇豆菜体温度较高，包装袋内湿度大，贮运过程中极易发生锈病、腐烂，有条件的生产基地可进行预冷，快速降低菜体温度，适当降低湿度，延长保鲜期。豇豆预冷方式主要有冷库、差压、真空等预冷方式。没有预冷设备的生产者，应通过调整采收时间等方式，尽可能降低菜体温度，降低嫩荚表面湿度。采用真空方式预冷，应补充水分，避免豇豆失水后，豆荚纤维化，造成品质下降。

4. 应用保鲜技术

豇豆适宜在贮藏温度 9~12℃、湿度 85%~90% 条件下的冷库内贮藏。湿度过高，易出现锈斑、易腐烂；湿度过低，果肉易纤维化，品质降低；温度过低，易出现冷害；温度过高，后熟作用强，果肉易纤维化。豇豆荚脆嫩、纤维少、肉厚，不适宜长期贮存，但可短期周转贮藏。豇豆除可采用冷库保鲜外，采收数量大时，也可把豇豆晒干或进行腌制处理，延长供应时间，也能提高附加值。

5. 合理使用包装

豇豆包装方式简单，可采用保鲜膜包裹、包装盒、托盘＋保鲜膜、包装袋、扎捆等方式，应根据销售渠道和配送方法选择适宜的包装方式。豇豆包装应以能避免包装内水分过高、减少机械损伤、不出现锈斑为原则。贮藏、加工、配送、销售各环节温度变化大时，极易造成包装出现结露问题，豇豆长时间处于结露状态，会造成豇豆锈斑，甚至腐烂问题发生。为避免出现豇豆锈斑问题，避免经济损失，应避免温差过大，一般温差不能超过 10℃。豇豆码放时应避免折断，造成商品性降低。

6. 家庭贮存方法得当

家用冰箱冷藏室温度一般为 2~6℃，豇豆适合贮藏温度为 9~12℃。豇豆贮藏过程中，失水易萎蔫，长期低于适合贮藏温度会造成冷害，可用保鲜膜包裹、保鲜袋包装，并在内部用包装纸包裹，既可保持包装内湿度，避免豆荚上出现水珠，减少萎蔫、锈病现象发生，也能避免冷害发生。

夏收马铃薯采后耗损轻减实用技术

马铃薯营养丰富，含有淀粉、糖、蛋白质、纤维素、矿物质、维生素等成分，为最重要的薯芋类蔬菜，可粮菜兼用，被认作主粮替代作物。马铃薯耐贮藏和运输，是人们常年消费的一种蔬菜，在周年供应中具有重要地位。马铃薯食用方法多样，果肉有黄色、白色、紫色等颜色，深受消费者喜爱，又因管理简单、操作省工、单产高，生产者也爱种植。鲜食马铃薯主要消费对象为学校食堂、餐饮企业和家庭，加工马铃薯主要用于炸片、炸条等，主要用于快餐企业和加工休闲食品，高淀粉型马铃薯主要用于生产淀粉。绿皮、长芽、果皮皱缩等影响商品性，而马铃薯的贮藏保鲜关系周年供应，在此情况下，北京市生产企业、园区、合作社及生产大户，为了减轻夏收马铃薯采后耗损，做好夏收马铃薯采后管理工作就显得尤为重要。

1. 适时采收

光照充足、气温适宜、昼夜温差大，非常适合夏收马铃薯的生长。北京市种植的春茬马铃薯采收期为5月中旬至7月中旬，应根据种植区域和品种特性，在最佳收获期采收。大兴等平原地区多在5月中旬进入初采期，而延庆等具有特殊气候的区域，采收期为7月中下旬。用于贮藏的马铃薯，应在茎叶枯黄时采收，此时为生理成熟期。马铃薯采收期不严格，可根据市场需要，综合考虑产量、单价等因素，既可适当早采，也可延迟采收。春茬马铃薯上市越早，销售价格越高，采收以早为主，2020年春贮藏马铃薯价格较高，带动新薯价格也高。当市场供应量少时，应发挥产地优势适当早采，既能保证市场供应，又能提早获得收益。马铃薯最迟应在休眠期结束前采收、入库，否则马铃薯贮存销售时易出芽，造成品质降低甚至失去商品性。部分紫肉、红肉马铃薯达到采收标准后，但因销路问题，部分生产者延期采收，延迟时间有的超过休眠期，造成未采收在地里就出现长芽问题，此问题应予以重视。采收一般在降雨后一周进行，主要是马铃薯含水量过高，造成贮藏时间缩短。不同品种休眠期差异较大，紫色品种较黄肉品种休眠期短。

2.关注商品性

为避免生长过程中薯块出现绿皮现象，后期应采取培土、覆盖等措施，防止薯块埋藏过浅或裸露。应根据用途选择菜用、加工型、高淀粉型马铃薯品种，并通过选择种植土壤、合理密植、保持土壤含水量、采前控水等措施，保证商品性。荷薯15、早大白品质佳，为市民喜欢的菜用马铃薯品种。为保证商品性，提高种植效益，应对马铃薯进行分级销售，可使原本价值较低甚至没有价值的袖珍薯，销售价格大幅提升，从而提高整体种植效益。绿皮、长芽、果皮表面皱缩等影响马铃薯商品性。芽眼浅的品种较芽眼深的品种商品性好，黄肉品种较浅黄色品种商品性更高。马铃薯商品性要求：薯形端正完好，芽眼浅，外观新鲜，表面光洁、鲜亮、新鲜，无表皮破损、无机械损伤，无麻斑，薯块无明显凹凸，无裂痕，无疤痕，无泥土，无杂物，无虫眼，无黑心，无发芽，无绿薯等。

3.应用贮藏技术

菜用马铃薯在温度2~3℃、湿度85%~90%条件下贮藏，贮期可达4~8个月。夏收菜用马铃薯含水量高，并且销售价格呈下降趋势，产品不适宜长期大量贮存，为均衡供应，可短期存储。马铃薯可窖藏、冷库贮藏。贮藏前应在通风的室内进行预贮，预贮温度为10~20℃，通过预贮使薯块伤口愈合，预贮时间为10~15d。应在休眠期结束前放入贮藏库，否则马铃薯易长芽，降低或失去商品性。绿皮、果皮表面皱缩、有环腐病的薯块应剔除，入库前应对薯块进行分级。入库贮藏时应注意码放方法，保持适宜温度，同时注意避光、保湿。贮藏及销售过程中，着光易使薯块产生茄碱苷，表皮变绿，食用易中毒；失水后表皮出现褶皱，果肉颜色变浅，商品性降低；贮藏前不宜水洗，带土带泥贮藏，有助于预防表皮失水。不同品种的马铃薯，耐贮性能差异较大；保持库内温湿度相对稳定，温度变化不宜超过±0.5℃，同时要求保持一定湿度，避免果皮皱缩。贮藏过程中，应重点预防块茎萎蔫、糠心、出芽、腐烂等品质变劣现象发生，影响马铃薯贮藏效果。

4.合理加工包装

马铃薯可采用保鲜膜包裹、托盘＋保鲜膜、保鲜袋、网袋、纸箱等包装方式，应根据销售渠道选择适宜的包装方式。为提高包装效果，应对马铃薯进行分级，并在包装前用清水清洗。纸箱礼盒包装销售马铃薯可提高种植效益。在条件允许的情况下，可把马铃薯加工成半成品销售给餐饮及团餐企业，把有机械伤、不符合鲜销要求的马铃薯加工成淀粉，甚至粉条，提高附加值，实现把品相好的马铃薯作为鲜品销售、品相差的产品变型后销售的目的。

5. 家庭贮存方法

家用冰箱冷藏室温度一般为 2~6℃，马铃薯适合在家用冰箱中存放。家庭贮存时最好用避光的纸张包裹或存放在黑色保鲜袋内，既能减少失水造成的表皮褶皱，又能避免见光，减少薯块长芽和表皮变绿现象发生，从而保证马铃薯的商品性。

夏收洋葱采后耗损轻减实用技术

　　洋葱为国内主要蔬菜品种，对蔬菜周年供应至关重要。洋葱按照大小划分有普通洋葱、袖珍洋葱，按照鳞茎颜色划分有紫色、黄色、白色等颜色。因其富含碳水化合物、蛋白质、维生素、钙、磷、铁等物质，还含有植物杀菌素，具有开胃消食、增进食欲等作用，被公认为健康食品，深受消费者喜爱。洋葱除作为蔬菜外，还可作为食品加工原料；又因单产高、管理简单、操作省工、耐贮运，生产者爱种植。洋葱主要消费对象为学校食堂、餐饮企业、家庭，还作为脱水蔬菜加工原料。脱水蔬菜出口、学校食堂、餐饮企业等受疫情影响较大，销售面临许多新问题，鳞片破损、双头畸形、抽薹、长芽的洋葱不适宜贮藏。在此情况下，北京市生产企业、园区、合作社及种植大户，为了减轻夏收洋葱采后耗损，做好洋葱采后管理工作就显得尤为重要。

1. 按照标准采收

　　地上部倒伏标志鳞茎成熟，洋葱进入生理休眠期。休眠期短、耐贮性弱的品种应在30%~50%发生倒伏时采收；耐贮性强的晚熟洋葱，应在65%~75%的绿叶变黄、假茎变软、叶片下垂时采收。采收时间应选择在预期收获后有一周左右的晴天时进行，以利于葱头晾晒；采收后应尽快使覆盖鳞茎的外层鳞片干燥，使洋葱尽早进入休眠期；为使采收后的洋葱外表皮尽快干燥，可在田间直接摊平晾晒干燥，若光照强、气温高，应用其干燥的茎叶覆盖，以防鳞茎晒伤。洋葱暴露在干燥的空气中时，空气温度不宜超过35℃，干燥时间应根据天气和洋葱水分含量确定，宜干燥处理10~15d，鳞茎在贮藏前应使管状叶和鳞茎外皮成干燥状态。直接销售的洋葱，可根据品种特性和市场需要，综合考虑产量、单价等因素，采收后直接销售新鲜洋葱的，可适当早采，覆盖洋葱鳞茎的外层鳞片略干燥即可销售，既能保证市场供应，又能提早获得收益；用于贮藏的洋葱，不宜早采，应按照采收标准适时采收。北京市洋葱采收期为5月中旬至7月中旬。

2. 关注商品性

　　洋葱属绿体春化作物，植株长到一定大小，在低温情况下，会完成春化过程，条件适宜时会出现抽薹现象。洋葱的抽薹与品种、播种时间、幼苗大小和光照、水肥等因素有关。对已完成春化过程的洋葱，为避免抽薹而造成经济损失，应提早采收上市。壤土或黏质土壤种植的洋葱，因鳞茎质地紧密更利于贮藏。洋葱采收前 7~10d 停止浇水、停止追施氮肥，采收期遇降雨天气，应在雨后 5~7d 采收。洋葱采收时应避免机械损伤；洋葱加工时，预留假茎的长度不应超过 4cm。洋葱商品性要求：鳞茎外层形状完整，颜色（黄色、紫色、白色）均匀，饱满硬实，外层鳞片光滑，色泽鲜亮，无裂皮，无损伤，果形良好，留假茎基 1~1.5cm；果肉紧实致密，大小均匀，修理整齐，无破损、无皱缩；根和假茎切除干净、整齐，无明显的机械损伤，无发芽、软腐、异味、斑痕、冻害和异常水分等缺陷；内部无腐烂、霉心、抽薹等缺陷。黄色洋葱品种单产高，商品性好，种植面积最大；紫色品种辛辣味更浓，部分消费者喜爱。应根据销售渠道对商品性要求，种植适宜的品种，并通过选择种植土壤、合理密植、保持土壤含水量、采前控水等措施，保证洋葱的商品性。

3. 应用保鲜技术

贮藏洋葱的适宜温度范围为 0℃，适宜湿度为 60%~70%，氧气浓度为 3%~6%，二氧化碳浓度为 8%~12%。洋葱为一季采收，通过贮藏实现全年供应，贮藏方式包括室内挂藏、垛藏、堆藏、冷库、气调库等，大量贮藏多以冷库方式贮藏居多。利用自然环境降温进行堆藏，洋葱贮藏期可达 3~6 个月；采用机械制冷方式贮藏，洋葱贮藏期最长不宜超过 9 个月。用于贮藏的洋葱，应选择晚熟、休眠期长的品种，洋葱花茎、外层鳞片破损、双头或头茎过大、过小、畸形、未充分成熟或已解除休眠的洋葱不适宜贮藏。贮藏之前，应对洋葱进行干燥处理，除去外层鳞片、根部及假茎的多余水分，干燥方法可采用自然干燥或机械干燥。自然干燥是将收获后的洋葱直接暴露在干燥的空气中让其外表皮进行干燥，在田间直接摊平晾晒干燥，气温高时需要用其干燥的茎叶覆盖，以防晒伤洋葱。将洋葱暴露在干燥的空气中，空气温度不宜超过 35℃，相对湿度范围为 60%~70%，干燥时间应根据天气和洋葱水分含量确定，宜干燥处理 10~15d。机械干燥采用热空气强制通风进行干燥，温度保持为 35~40℃，相对湿度为 50%~60%。待葱头表皮干燥，茎叶至七八成干时，装袋（筐或箱）贮藏或堆放。机械干燥多用于雨天等不能采取自然干燥时采用。当外皮水分达到 12%~14% 时干燥完成，此时触摸洋葱外皮具有沙沙响声。

贮藏前应对洋葱进行分级，挑选出不适宜贮藏的洋葱，并对贮藏库进行消毒处理。为预防洋葱发芽，可按照规定使用法规允许的抑芽剂进行处理。用于贮藏的洋葱鳞茎应坚实、完整、成熟一致、修整良好、无机械损伤、无病虫害、外层鳞片覆盖良好、适度干燥、色泽正常、无异味。贮藏过程中发生冷害，如果症状较轻、时间较短，可缓慢升温，待恢复后销售，但其耐贮性能降低，不可继续贮藏。出库时为防止表面结露，宜将洋葱采取梯度升温方式，在中间温度下保存约24h，同时通风处理，然后再进行洋葱加工与销售。

4. 加工包装

洋葱可采用槽型盒、托盘＋保鲜膜、保鲜袋、网袋等包装方式，应根据销售渠道和品牌定位，选择适宜包装方式。鲜食洋葱包装前，应去除不可食用部分，包括去除外层干叶，去除发软鳞片，切除底部根须。如在温度较低的冷库存放，应缓慢升温后再进行包装，可避免包装后包装结露，影响美观度，延长保存时间。因洋葱含有刺激性物质，在加工包装过程中人员应佩戴口罩，做好个人防护。

5. 家庭贮存方法

家用冰箱冷藏室温度一般为2~6℃，洋葱适合在家用冰箱中存放。洋葱在休眠期结束前，可在室温下存放。洋葱保存过程中注意保持适宜湿度，失水易使外皮变干、内部鳞茎变软，品质下降，水分过高时，又易产生腐烂。为减少失水可用包装纸包裹，水分过高时，应不定期取出洋葱，放置在通风处干燥。如购买的洋葱已经去除不可食用部分，应尽量减少家庭贮藏时间，及早食用。

夏收胡萝卜采后耗损轻减实用技术

胡萝卜为重要的根茎类蔬菜，包括普通胡萝卜、水果胡萝卜、加工型水果胡萝卜、袖珍胡萝卜等品类，果肉有橘红色、橘黄色、紫色、褐色、黄色、白色等颜色，根形有圆柱形、圆锥形等。胡萝卜富含人体需要的多种胡萝卜素，营养丰富，食用方法多样，水果胡萝卜更因其口感脆甜，被当作水果食用，深受消费者喜爱。胡萝卜又因单产高、管理简单、操作省工、耐贮运、效益稳定，生产者爱种植。普通胡萝卜主要消费对象为学校食堂、餐饮企业和家庭；水果胡萝卜主要为家庭消费；加工型水果胡萝卜可加工成迷你胡萝卜，作为休闲食品销售。胡萝卜还可用于酱渍、腌渍、糖渍、榨汁、脱水、速冻等，为重要的食品加工原料和出口蔬菜品种。受新冠肺炎疫情影响，胡萝卜销售面临许多新问题，在此情况下，北京市生产企业、园区、合作社及种植大户，为了减轻夏收胡萝卜采后耗损，做好夏收胡萝卜采后管理工作就显得尤为重要。

1.按照标准采收

本茬口光照充足、气温适宜、昼夜温差大，非常适合胡萝卜的生长和养分的积累，前期生长慢，后期生长快。胡萝卜采收期不严格，但最佳采收期采收品质好、单产高；采收过早，单产低，但有抽薹迹象的应及早采收；采收过晚，胡萝卜裂根率增加，品质降低。可根据品种特性和市场需要，综合考虑产量、单价等因素，及时调整采收标准。当市场供应量不足时，应发挥产地优势适当早采，既能保证市场供应，又能提早获得收益。达到最佳采收期后，应及时采收，不能及时销售的可采收后贮藏。采收时留 3cm 左右叶柄，便于胡萝卜保持商品性。

2.关注商品性

胡萝卜为绿体低温感应作物，植株长到一定大小，在低温状态下，就可完成春化过程，条件适宜时，会出现抽薹甚至开花，造成商品性降低甚至失去商品性。春种夏收的胡萝卜，生育期内温度变化大，应选择耐抽薹品种。生产者应根据温度变化，对已完成春化的胡萝卜，应提早采收上市，避免抽薹开花而造成经济损失。在光照充足、温度过高时，应采取小水灌溉等措施，增加小环境湿度，创造适合生长的小环境。土壤过干会造成胡萝卜肉质根细小、根形不正、分叉、表面粗糙等问题，土壤过湿会造成裂根等问题，应根据气候条件、土壤特性，决定浇水次数和灌溉数量。生长期内应注意氮、钾肥的施用，并在采前10d控水，保证其甜度。壤土或沙壤土种植的胡萝卜，果皮光滑，畸形发生率低，商品性佳。水果胡萝卜商品性要求：口感甜脆、味浓，表皮光滑，条形直，无根须，无开叉。普通胡萝卜商品要求：肉质根发育成熟，根形完整良好，端正均一，表皮光滑，肉质根发育均匀，质地脆嫩，口感好；肉质根着色均匀，顶部无绿色或紫色，果形完好，无机械损伤；无根须，无开叉，无裂纹，无疤痕，无畸形。橘红色胡萝卜种植面积最大，紫色、黄色、白色品种种植面积较小。裂根、分叉、畸形、表皮粗糙和口感差为影响胡萝卜商品性的最常见的问题。应根据销售渠道对商品性要求，选择种植适宜的品种，并通过选择种植土壤、合理密植、保持土壤含水量、采前控水，控制采收成熟度，保证商品性。

3. 应用保鲜技术

胡萝卜在温度0℃、湿度90%~95%条件下贮藏，贮期可达3~6个月。夏收胡萝卜含水量高，销售价格高，且价格呈下降趋势，产品不适宜长期大量贮存，为均衡供应，可短期存储。水果胡萝卜短期贮藏后更脆甜，但贮藏期控制在10d以内为佳。胡萝卜除传统贮藏方法外，还有冷库和气调库贮藏方式。选择适宜贮藏方式，可有效避免肉质根萎蔫、糠心、出芽、腐烂、风味变淡等品质劣变现象发生，贮藏时应带土带泥，有助于防止表皮失水，冷库和气调库集中堆放或装箱存放，可在贮藏前对胡萝卜进行清洗，出库销售时再进行二次清洗。

4. 合理加工包装

普通胡萝卜可采用保鲜膜、托盘＋保鲜膜、保鲜袋、网袋、保鲜盒等包装方式，应根据销售渠道选择适宜包装方式。水果胡萝卜可采用保鲜盒、保鲜袋等包装方式。为提高包装效果，胡萝卜包装前可用清水清洗。加工型胡萝卜可用机械加工成迷你胡萝卜，作为休闲食品销售，加工型胡萝卜比袖珍胡萝卜单产高，可大幅提高种植胡萝卜经济效益，满足社会对高品质胡萝卜的需要，并能提高商品附加值。胡萝卜除作为蔬菜外，还可加工成胡萝卜汁、胡萝卜粉、方便食品调料等，提升产品附加值。贮藏的胡萝卜如表皮变黑，可用物理方法去除，也可使用国家允许的保鲜剂清洗。

5. 家庭贮存方法得当

家用冰箱冷藏室温度一般为 2~6℃，胡萝卜适合在家用冰箱中存放。贮藏环境湿度较低时，胡萝卜表皮易萎蔫，果肉易糠心，湿度大时，果肉易腐烂。可用保鲜膜包裹、保鲜袋包装，适度保持包装内湿度，减少表皮萎蔫、糠心、腐烂等问题发生。清洗后的胡萝卜贮藏时间长，易出现白虚根，应及早食用，并把白虚根清洗掉。

夏收西蓝花采后耗损轻减实用技术

西蓝花又称青花菜、绿菜花、嫩茎花椰菜，食用部分为肥嫩的花梗和花蕾组成的绿色扁球形花球。西蓝花适应性强，栽培简单，其含有具有抗癌作用的芳香异硫氰酸，质地柔软、风味清香、营养丰富，是国际公认的健康蔬菜。西蓝花营养丰富、食用方式简单，深受消费者喜爱；种植管理简单、操作省工，易标准化、规模化生产，生产者爱种植，但夏收西蓝花如果保鲜措施不当，损耗率极高。西蓝花主要消费对象为餐饮业和家庭，也是重要出口创汇蔬菜品种。蔬菜出口、餐饮业受疫情影响，出口数量降低，消费数量减少，在此情况下，北京市西蓝花生产企业、园区、合作社及种植大户，为了减轻夏收西蓝花采后耗损，做好采后管理工作特别是保鲜工作就显得尤为重要。

1.按照标准采收

西蓝花以发育完全的花球为产品，适采期短，如采收不及时，易抽生花枝，会造成花球松散、花蕾变粗甚至开花，造成商品性降低，甚至失去商品性；采收过早，花球紧实、花蕾小、品质高，但花球小、单产低。西蓝花采收标准严格，以花球表面的花蕾紧密平整、花球边缘略有松散、花球大小达到品种特性要求时为最适采收期。西蓝花花球组织脆嫩，采收应在清晨或傍晚温度较低时进行。采收主花球时，将花球连同10~12cm肥嫩花茎一同采收，并附带3~4片叶以保护花球，采收时要轻拿轻放，避免机械损伤；顶侧花球兼收的西蓝花品种，在侧花球直径达到3~5cm时采收。雨天或降雨过后西蓝花未干燥时采收，易造成贮运销环节西蓝花腐烂，故应选择最佳时间段、最适时间采收。

2.关注商品性

西蓝花属绿体春化型低温长日照作物，但对光照长短不敏感，幼苗感应低温能力因品种而异，并与温度高低、幼苗大小及苗龄长短有关。植株长到一定大小，在低温状态下，可完成春化过程，条件适宜时会出现抽薹现象。西蓝花花蕾大小与品种有关，北京地区消费者更喜欢小花蕾类型。西蓝花生长过程中湿度小、光照弱、氮肥施用过多，易造成花球松散、花茎空心。西蓝花商品性要求：花球球蕾整齐呈深绿色，颜色均匀，花球半圆顶形，质地致密，蕾粒细嫩紧密，可带2~3片小叶，大小均匀，质地均匀，花蕾未开放；花茎鲜嫩，分枝花茎短，无机械损伤、黄化、病虫害、病斑、软化、腐烂、冻害。应根据销售渠道对商品性要求，选择种植适宜的品种，并通过合理密植、注意施肥种类、保持土壤含水量、采前控水，适时采收，保证西蓝花的商品性。

3. 应用保鲜技术

西蓝花贮藏的适宜温度为 0℃，适宜湿度为 95%~100%，氧气浓度 1%~2%，二氧化碳浓度 0~5%。西蓝花可采用低温贮藏或速冻方式保鲜，低温贮藏方式有假植、窖藏、冷库、气调库等。贮藏过程中湿度过低，会使花球失水萎蔫而松散；温度过高会使花球变色；花球带有病菌、虫害，会影响产品品质和保鲜期；花球机械损伤会增加呼吸强度，缩短贮藏时间。为快速降低田间热，减少黄化现象，可采用碎冰、差压、真空等快速预冷方式，降低西蓝花菜体温度。西蓝花在温度 15~28℃时，放置 24h 就会有花蕾变黄现象，商品性变差，故应重视保鲜技术的应用。贮藏、运输、销售过程提倡使用冷链，以保证西蓝花品质。在冷链不完备的情况下，为避免花蕾开放，保持其品质，可采用碎冰、冰瓶、冰袋、蓄冷板、冰利板等辅助降温措施。使用冷藏车运输，需在装车前 2h 使车辆处于制冷状态，装车前测量车内温度，避免装车后温度过高，影响商品性。使用碎冰可快速降低西蓝花温度，但在冷链断链的情况下，呼吸强度更高，西蓝花品质下降更快。贮藏前应对贮藏场所进行消毒处理。在采收前应对西蓝花进行杀菌灭虫处理，在适采期适时采收，并及时预冷、运输、贮藏，以保证品质。出库时宜采取梯度升温方式，同时通风处理，然后再进行加工与销售，可防止表面结露。西蓝花采后呼吸强度旺盛，不耐贮运，在 15~28℃室温下，存放 24h 花蕾即开始变黄，48h 花蕾开放，叶绿素下降到采收时的 50% 左右，72h 后花球全黄而失去食用价值，目前采用低温保鲜是降低西兰花呼吸强度、延长货架期最有效的方法。

4. 加工与包装

西蓝花可采用托盘＋保鲜膜、槽型盒、网套等包装方式，应根据销售渠道选择适宜包装方式。销售、配送环节多，运输条件差的，应增加包装强度，以避免配送过程中的机械损伤。包装前应去除外叶及受冷、冻害部分，切除部分花茎，使花径长短与花球大小匹配，也可把西蓝花花球直接在产地加工成可食用小花蕾，在清水中洗净后，经过漂烫、冻结、速冻加工后的西蓝花，最大限度保留其营养，并可节省贮藏库容，同时增加了产品附加值。

5.家庭贮存方法

家用冰箱冷藏室温度一般为 2~6℃，西蓝花适合在家用冰箱中存放。西蓝花保存过程中，失水会使花球松散，花茎变老，为避免失水可把西蓝花放在保鲜袋内或用保鲜膜包裹。为节省空间，可把西蓝花掰成小花球，放入加冰袋的保鲜袋内，可最大限度减少花球开放。应缩短家庭存放时间，避免花蕾开放、品质变差问题发生。

栗蘑采后耗损轻减实用技术

栗蘑富含蛋白质、维生素，低脂肪，栗蘑多糖具有很好的抗癌作用，其含有的 18 种氨基酸的含量均高于其他食用菌，是一种集食用和药用于一体的菇类。栗蘑可作鲜品、干品销售，还可作为深加工原料，废弃物可制成酵素、禽类饲料、肥料，产品全身都是宝，综合利用价值高。栗蘑作为特色食用菌品种，营养价值高，味道鲜美可口，并有独特气味，饮食方法多样，深受消费者喜爱。栗蘑利用林下土地生产，不占用耕地，栽培效益高，生产者爱种植。北京市栗蘑采收高峰期为 7—8 月，因采收期气温较高，再加上菇体本身含水量高，菇质脆易折断、易纵裂，易腐烂，常温下保鲜期只有 1~2d。因鲜品上市量不均衡，产品货架期短，损耗率高，影响了产业规模的扩大和效益的提升。在此情况下，为了减轻栗蘑采后耗损，做好栗蘑采后管理工作就显得尤为重要。

1. 提倡适时采收

栗蘑从原基出现到采摘的时间，随温度而变化，温度适宜的条件下，一般 18~25d 可以采摘。当菌盖背面洁白光滑，背面子实体出现菌孔，菌盖边缘有一轮白色的小边边缘变薄，菌盖比较平展，颜色变浅灰黑色，并散发较为浓郁的菇香时，为最佳采收期，此时菌盖背面洁白光滑，少量出现菌孔，且深度低于 1mm，尚未释放孢子；菌盖外边缘浅白色，边缘稍内卷；菇体脆性渐弱，韧性渐强，此时采收成熟度为八成熟。采收成熟度与销售渠道有关，成熟度七成的，此时品质佳、口感最好，销售价格高，但单产低；八成熟采收，此时栗蘑口感好，单产较高，供应企事业单位食堂、超市、电商、配送企业、餐饮企业、社区直销及采摘，多为此时采收；九成熟采收，菇体较大，单产高，但有少部分释放孢子，菇体肉质略疏松，口感略差，多数用于价格低的社区直销、农家乐和干制；十成熟采收的栗蘑，菇体肉质略疏松，口感差，多为产品销售困难或种植者不能及时采收所致。过早采收，品质高，但单产低；过晚采收，单产高，但品质差，生产者应根据销售渠道、售价、单产综合考虑采收成熟度。采收时间最好在 8 时前进行，菇体温度较低，利于保持品质。为保持好的商品性和适宜含水量，采收前 1d，应停止喷水；采收时轻拿轻放，避免机械损伤，避免损坏子实体形状；在露水干后采收，既能避免采收时叶片粘泥，又能减少贮运环节腐烂发生率。

2. 关注商品性

栗蘑生长要求较低的温度，较高的湿度，微弱的光照，适宜地温为18~20℃，相对湿度为85%~95%。栗蘑虽在林下生长，但采收期正值气温高、光照强、蒸发量大的季节，可通过物理遮阳方式降低光照强度，采取喷灌方式，增加湿度，从而降低局部温度，创造适合生长的小环境。较高湿度能避免菌盖开裂，浇水时间应在上午采收结束后进行。菌盖大小均匀，颜色相近，无开裂，菌孔小的商品性好。栗蘑八成熟采收商品要求：子实体新鲜，菌盖外缘无白色的生长环，边缘变薄，菌盖平展，颜色呈浅灰色或灰白色，菌柄和菌盖背面见有微小菌孔层，但距盖缘1cm处尚无菌孔出现，子实体尚幼嫩时采收。

3. 预冷技术应用

采收期正处高温季节，即使清晨低温时段采收，子实体温度依然较高。当菇体采收温度超过20℃时，采取快速预冷是降损保质的必要措施。可采用冷库、差压等预冷方式，快速降低菇体温度，从而降低贮运销环节的腐烂发生率。如没有预冷设备条件，可采用冰袋辅助预冷方式。为解决预冷失水问题，可采取包装等方式降低失水率。预冷时间应以中部子实体温度降至要求的温度为准。

4. 应用保鲜技术

栗蘑正常含水量为87%~90%，为减少腐烂，采前应适度控水，为了防止菌盖开裂，应保持适宜含水量。栗蘑贮藏温度为2~4℃，湿度为90%~95%。湿度过低，菌盖易开裂，湿度过高，栗蘑易腐烂；为了保证贮藏品质，除栗蘑保持适宜水量外，贮藏环境也应保持一定的湿度。栗蘑采收后，应注意降温、保湿、防腐烂、防菌盖开裂，合理应用保鲜方法，延长货架期。

5. 加工包装合理

可采用保鲜袋包装、槽型盒、托盘＋保鲜膜、气调包装、激光打孔包装等方式，应根据品牌定位、销售渠道和配送方法选择适宜的包装方式。单菇叶包装，产品整齐度高，但把整朵瓣成单菇叶，会增加呼吸强度，易形成厌氧呼吸而造成腐烂；整朵包装，应去除四周的杂菇和底部带泥土部分，保持好的商品性，应尽量避免菇叶大小不均，造成包装效果差的问题出现。适度增加包装透气性，能一定程度减缓腐烂现象发生，可在保鲜袋、保鲜膜上进行打孔，增加透气性。激光打孔包装和气调包装可调节包装内气体成分，降低呼吸强度，减缓呼吸对品质的影响，激光打孔包装在同等贮藏条件下，可延长货架期3d以上。采收高峰期不能及时销售的栗蘑，除贮藏外，还可以以机械或自然干燥方式加工成干品，干品味浓，便于保存，还能提高产品附加值，残次品可加工菇酱等，提高产品利用率。

6.家庭贮藏方法得当

家用冰箱冷藏室温度一般为2~6℃，栗蘑适合在家用冰箱中存放。因其正常含水量为87%~90%，高温下水分过高易腐烂，水分过低菌盖易开裂，可用保鲜膜包裹、保鲜袋包装，袋内、膜内加食品级包装纸包裹，可减少家庭储存过程中腐烂、萎蔫问题发生。暂时食用不完的栗蘑，可掰成条，在阳光下晾晒1~2d，但不要在塑料袋、盒中贮存，以避免发霉，造成经济损失，为了保持口感，应缩短鲜品家庭储存时间。

丝瓜采后耗损轻减实用技术

丝瓜以嫩果食用，果实中含有丰富的碳水化合物、蛋白质、维生素C、维生素B、矿物质等，有普通丝瓜和有棱丝瓜两类。丝瓜全身都是宝，《本草纲目》记载成熟果实、果络、叶、藤、根及种子可入药。丝瓜营养丰富，食用方法简单，深受消费者喜爱；丝瓜种植简单，病虫害少，管理省工、产量高，生产者爱种植。但丝瓜果皮挤压易造成机械损伤，果皮变黑，果肉易腐烂，商品性差，损耗率高。在此情况下，北京市生产企业、园区、合作社及生产大户，为了减轻丝瓜采后耗损，做好丝瓜采后管理工作就显得尤为重要。

1. 提倡适时采收

夏季光照强、气温高，非常适合丝瓜的生长。丝瓜采收标准不严格。丝瓜一般开花后10d为商品嫩果的适宜采收期，此时丝瓜果皮光泽，果肉紧实；采收过早，果肉未充分长成，单产低；采收过晚，果肉发绵，甚至中空，果肉疏松，果实商品性差。丝瓜果形长短差异大，生产者应根据销售渠道特点，选择适宜种植品种，增加采收次数，适时采收，使丝瓜保持较好的商品性，较高的成品率。贮运销时间较长的，应注意采收成熟度，适当提前采收。采摘宜在早晨进行，应使用剪刀从果柄处剪下，因为丝瓜与茎连接处较结实，直接拉拽会伤及植株，影响后期坐果。

2. 关注商品性

夏收丝瓜生长快，需要充足的底肥、适时的追肥、适宜的湿度，及时摘除下部病叶、老叶，预防病害，也能通风透光，防止植株早衰，并延长采收期，同时保持丝瓜好的商品性。丝瓜采摘初期价格高，但产量低，采摘后期单产高，但单价低，可采取密植栽培方式，在采收3个瓜后，去除部分植株，保持中后期通风透光，既可取得前期较高产量，又能保证中后期不至于密度太高，此法较传统种植方式保证了商品性，提高了种植效益。丝瓜弯曲较大时，用绳一头绑瓜蒂，一头绑一小石块，利用重量把瓜拉直，一般摘瓜前2~3d进行。丝瓜的外形分为棱形和圆柱形两类，北京地区更喜欢普通的圆柱形，丝瓜按照长度分为长型、中型和短型品种，短型品种更适合高档超市销售。影响丝瓜商品性的因素有果肉疏松、发绵、中空、外皮蹭伤甚至发黑。果肉疏松、发绵、中空与水肥栽培管理有关，也与采收期把握不准、采收过晚有关；外皮蹭伤甚至发黑主要是栽培密度过大，田间操作时或刮风等因素，造成个体间相互影响，也与采收后贮运过程中的机械损伤有关。丝瓜商品性要求：果直端正带花，外皮光滑、紧实，果腔充实，果实饱满，有弹性，粗细均匀；果柄新鲜，果柄长 2~3cm，果皮有光泽，外观一致，光滑顺直，无腐烂，无异味，无灼伤，无冷害，无冻害，无疤痕，无病虫害，无机械损伤。

3. 包装方式合理

应根据销售渠道选择合理的丝瓜包装方式。目前，丝瓜有托盘 + 保鲜膜小包装、网套 + 保鲜膜、托盘 + 网套 + 保鲜膜、袋装、保鲜膜包裹等方式。丝瓜贮运销环节易出现蹭伤，包装材料型号应与丝瓜规格相匹配，并应有防蹭伤措施，可提高产品美观度，减少机械损伤，降低损耗率。套袋栽培根据最佳商品性，设计包装，能有效减少机械损伤的发生。为树立农产品品牌意识，应对丝瓜进行分级销售，既能提高包装美观度，又能实现优质优价，整齐度一致也能减少机械损伤的发生。

4. 配送过程规范

采收后丝瓜菜体温度较高，在高温下代谢作用强，果肉易松软，品质快速降低，采收后可利用冷库或差压预冷快速降低菜体温度，最佳预冷温度为 10℃。丝瓜配送过程中，易出现挤压、蹭伤，蹭伤后果皮易变黑，果肉颜色易变深，影响丝瓜商品性。电商等农产品不见面的交易方式，配送环节多，消费者不能及时收货，有时会露天存放，造成丝瓜腐烂。应规范配送过程，采用网套 + 保鲜膜等抗挤压、防蹭伤的包装方式，保证配送丝瓜品质，促进果蔬不见面销售方式健康发展。

5. 保鲜方法得当

丝瓜适合的保鲜温度为 10℃，而家用冰箱温度一般为 2~6℃，冰箱长期存放 5d 以上，易出现果皮分层、黑斑，甚至果肉变黑等冷害症状。若在家用冰箱存放丝瓜，可用保鲜膜、包装纸包裹等方法，增加膜内温度，减少水分流失，从而保证保鲜效果。丝瓜高温环境下，后熟加快，品质降低，而在低温环境下储存，表面又会出现褐斑、黑点，甚至出现组织透明，产生黏滑液等冷害症状。家庭保存不宜超过 5d，并且要注意采收成熟度，超过 5d 的长期贮存应控制好温湿度，但家庭多数不具备此条件。

夏收油菜采后耗损轻减实用技术

油菜为北京市夏季主要的绿叶蔬菜种类，富含多种维生素和矿物质，营养丰富，深受消费者喜爱；又因其生长期短，种植茬口多，高产省工、管理简单，种植风险小，生产者喜欢种植。夏季油菜易腐烂、易黄化、易抽薹，成品率低，损耗率高。做好油菜采后管理工作就能保证其品质，降低损耗率。

1.适时采收

6—8月光照强、气温高，而油菜生长需要较低的温度，适宜的光照，强光、高温影响其生长。夏季采收的油菜，生育期温度变化大，极易完成春化过程，造成油菜抽薹。油菜由产品到商品一般需要去除30%~40%的重量，损耗率高。油菜根据上市大小主要有苗菜、鸡毛菜、普通油菜三大品类。油菜没有严格的采收标准，但过早采收产量低，过晚采收品质差，因此不同品类油菜有不同的采收标准要求。生产者应根据气候条件、病虫害发生情况，综合考虑单价、产量等因素，及时调整采收标准，当市场供应量不足时，适当早采，既能保证市场供应，又能提早获得收益，还能增加油菜种植茬数，当上市数量大，产品出现积压时，应提早采收，若继续生长，会造成品质降低，虽产量高，但价格较低，这些产品上市势必影响品质好的油菜销售。如出现积压，可采收后采取保鲜措施，但务必适时采收。夏季气温高，采收时间最好在露水干后的清晨；降雨后不采收。苗菜、鸡毛菜类型比普通油菜更应关注适采期，并及时采收，如采收过晚，会造成成品率大幅下降，而损耗率大幅增加，品质也会降低。

2.关注商品性

夏收油菜抽薹、叶片有病斑、虫眼及黄化、腐烂是影响商品性的主要问题。夏季采收的油菜，生长期内温度变化大，采取直播方式可预防抽薹现象发生，同时生产者应根据夏季光照强、高温、多雨的特点，调整种植密度，密度适宜，能使油菜整齐度一致，减少大小棵问题，可提升外观品质。温度过高时，油菜品质下降，易烂心，在光照充足、温度过高时，应采取增加灌溉次数、遮阴等措施，创造油菜适合生长的小环境。夏季高温多雨，湿度大，病虫害增多，应重点预防蚜虫。油菜按照株型分为束腰型和直立型，按照通体颜色分紫色、白色和淡绿色，应根据销售需要选择适合的种植品种。高端超市一般喜欢束腰型，普通商超、社区店销售更喜欢直立型油菜，尤其是帮小叶多型品种，越来越受欢迎。油菜商品性要求：叶片鲜嫩，色泽翠绿，光泽良好，外观一致，无色斑，无黄叶，无烂叶，无损伤，无畸形，无虫眼。

3. 科学预冷

夏季即使早上采收，油菜菜体温度仍然较高，为减少贮运销各环节的腐烂问题，应快速降低油菜菜体温度，保证油菜品质，从而延长货架期。预冷方法有机械预冷和自然降温等方式。机械预冷方式主要有真空预冷、差压预冷和冷库预冷，但以真空预冷效果最好。预冷温度为1~2℃。没有预冷设备的生产者应通过调整采收时间、采用自然降温等方式，尽可能降低采收时菜体的温度。

4. 保鲜技术

油菜适宜在温度0~2℃、湿度95%~100%条件下保鲜。本茬油菜含水量高，产品不宜长期贮存，可短期周转贮存。温度高时易黄叶，失水后易萎蔫，湿度大时易腐烂，贮存时间长茎易出现离层，影响油菜商品性。低温保鲜是夏季油菜减损增效的主要措施。无论贮藏保鲜、长短途运输、电商配送，还是销售环节，都应以使油菜保持低温状态为原则，降低呼吸强度，减少黄叶、腐烂现象发生，最大限度延缓品质下降速度。

5. 合理包装

油菜合理包装应以避免叶片机械损伤，避免出现萎蔫、黄叶、烂叶为原则。夏季油菜有气调包装、包装盒、保鲜袋、托盘＋保鲜膜等包装方式，应根据销售渠道选择适宜的包装方式。包装前应降至适宜温度，同时避免各环节温度差异较大，造成包装结露。使用的包装膜应具备防雾功能。激光打孔包装为新型包装方式，适合用作油菜高端销售包装。

6. 家庭贮存得当

家用冰箱冷藏室温度一般为2~6℃，油菜适宜在家用冰箱中存放，但贮存时间长，会造成油菜亚硝酸含量增加，故应以现吃现买为最好。家庭保存可用保鲜膜或纸张包裹、保鲜袋包装等方式，防止黄叶、萎蔫、腐烂现象发生，延长保鲜期。

鲜食甜玉米采后耗损轻减实用技术

乳熟期甜玉米含有淀粉、糖、蛋白质、脂肪、维生素、矿物质、膳食纤维及挥发性芳香物质等，具有较高的经济价值、营养价值和加工价值，果实鲜嫩、脆甜，风味独特，且因其独特的色香味及营养保健功能，被誉为"新型营养保健食品和长寿食品"，深受消费者青睐。甜玉米种植简单、管理省工，生产易规模化、管理易标准化，除鲜食外，还可加工成速冻产品，用于出口及国内销售，市场需求量大，生产者爱种植。但采收期温度高，糖分转化快，甜玉米易变质，保鲜期短，采收不及时甚至失去商品性；冷链操作不规范，货架期短，采后损耗率高。在此情况下，为了减轻鲜食甜玉米采后耗损，做好鲜食甜玉米采后管理工作就显得尤为重要。

1. 提倡适时采收

适采期是影响甜玉米品质最关键因素，食味和口感随着籽粒的发育进程而变化，最佳食味期为适采期。甜玉米采收标准严格，按标准适时采收是保证其风味品质和商品质量的关键，甜玉米品种间适采期差别较大，现有品种适采期最长可达15d，最短仅为2d。同一品种不同采收期采收，口感差异较大；品质越好的品种，适采期越短。过早采收，籽粒的含水量过高，干物质太少，籽粒不饱满，果皮占比高、甜味淡、产量低；过晚采收，部分糖分转化为淀粉，甜度降低甚至有苦味，果皮加厚、口感差，品质劣。甜玉米最佳采收时间一般为22时至翌日4时，此时采收温度低，糖分积累多，品质佳，利于保鲜。不能在夜间采收时，应在露水干后采收，越早采收，越有利于保持采后品质。品种决定品质，并影响甜玉米适采期和货架期，选择适宜品种是保证甜玉米采后品质的基础，适采期采收和低温采收是降损保质工作的基础。

2. 关注商品性

凸尖、瘪粒、籽粒不饱满、排列不整齐，有病虫，是影响甜玉米商品性的主要问题。甜玉米采收期间，正值夏季，光照强、气温高。适时采收是确保甜玉米品质的关键，其采收必须在品质最佳时间段内进行，适时采收的甜玉米籽粒水分含量适宜，干物质积累适中，可溶性物质和水溶性物质比例恰当，糖分含量高。不同品种糖度差异大，籽粒颜色有黄色、白色、黄白色、紫色等，应根据需要选择适宜的品种。甜玉米生长过程中的管理，应参照蔬菜管理方式，进行精细化管理，种植密度适宜，水肥供应充足，提早防治病虫害，避免采收时出现玉米穗有病虫、凸尖等问题，从而保证甜玉米的商品性。甜玉米商品性要求：穗型粒型一致；籽粒饱满，排列整齐紧密，具有乳熟期应有的光泽，柔嫩皮薄脆甜；穗基本无秃尖，无虫咬，无霉变，无损伤，苞叶包被完整，新鲜嫩绿。

3. 预冷与保鲜

甜玉米采收期正处于高温季节，天气晴朗的情况下，10时采收的菜体温度可达27℃以上，而20℃以上极易造成糖分转化，高温条件下糖分转化更快。为了保证品质，可采用真空、冷库、差压、冰水等预冷方式，也可采用冰袋等辅助降温措施，但以真空预冷方式降温速度最快，降至要求温度一般只需20~30min。可采取包装或加水方式，减少预冷过程中的失水问题；冰水预冷因苞叶比其他预冷方式能多吸收一部分水分，此预冷方式更利于甜玉米保鲜。预冷时间应以甜玉米芯中间温度降至要求的温度为准。通过预冷能快速降低甜玉米温度，能延缓糖转化为淀粉的时间，从而降低贮运销环节的损耗率。带苞叶预冷和贮藏，能有效保持甜玉米籽粒果皮的光泽。保持苞叶适宜含水量利于籽粒保持光泽，利于保持籽粒含水量和可溶性固形物的稳定，利于甜玉米保鲜。甜玉米长途运输多采用冰水预冷后，加一定比例碎冰的方式。甜玉米与加入碎冰重量比与运输时间等有关。甜玉米适宜的保鲜温度为0℃，湿度为90%~95%。保持低温和高湿，是保证贮运销环节甜玉米品质的关键。

4. 加工包装合理

甜玉米包装分为贮藏包装和销售包装两种方式，应根据产品品牌定位、销售渠道和配送方法，选择适宜的包装方式，合理的包装方式能延长货架期。鲜穗除可采用保鲜膜包裹、保鲜袋包装、托盘＋保鲜膜、纸箱纸盒纸袋等传统包装方式外，还可选用气调包装、微波包装、纳米包装、物理保鲜包装等新型包装方式。机械损伤会增加呼吸强度，加工过程中如非必要，一般不应切除穗尖；可对保鲜袋、保鲜膜进行打孔处理，增加气体流动性，降低甜玉米呼吸强度，避免出现厌氧问题；包装时，尽可能保留更多的苞叶，若不能保留更多的苞叶时，也应保留2~3片苞叶，利于籽粒保持水分和光泽；可给贮藏的甜玉米加水，增加苞叶含水量，避免苞叶失水后从籽粒吸水，从而保持籽粒品质。

5. 家庭贮藏方法得当

家用冰箱冷藏室温度一般为 2~6℃，甜玉米适合在家用冰箱中存放。为使环境条件尽可能接近最适宜贮藏温度，可加冰袋、冰块降温；带叶保存，并将苞叶沾湿，利于延长保鲜期；为了保证甜玉米甜脆口感，应尽量缩短家庭保存时间。短时间不能食用的甜玉米，可连同苞叶一起放在冷冻室冷冻，待食用时直接蒸煮。

秋贮洋葱采后耗损轻减实用技术

　　洋葱富含碳水化合物、蛋白质、维生素、钙、磷、铁等物质，还含有植物杀菌素，具有开胃消食、增进食欲、舒张血管、降脂、降血压等作用，被公认为健康食品，深受消费者喜爱。洋葱除作蔬菜外，也是脱水蔬菜等食品加工原料，以及重要出口蔬菜品种，是国内主栽蔬菜品种之一。洋葱种植管理简单，生产易标准化、规模化，单产高，耐贮运，市场需求量大，生产者爱种植。发芽和腐烂是贮藏洋葱最易出现的问题，影响洋葱的商品性，掌握采后管理关键技术，可降低洋葱的损耗率，提高经济效益。为减轻秋贮洋葱采后耗损，做好洋葱采后管理工作，特提出以下技术方案。

1. 适时采收

　　适时采收对洋葱贮藏十分重要，采收前 7~10d 应停止浇水，干燥环境利于洋葱鳞茎加速成熟，及早进入休眠状态。地上部倒伏标志鳞茎成熟，洋葱进入生理休眠期。休眠期短、耐贮性弱的品种应在 30%~50% 发生倒伏时采收；耐贮性强的晚熟洋葱品种，在 65%~75% 的绿叶变黄、假茎变软、叶片下垂时采收。采收时间应选择在预期收获后有一周左右的晴天时进行，以利于晾晒葱头；采收后应尽快使鳞茎干燥，尽早进入休眠期。为使采收后的洋葱外表皮尽快干燥，可在田间直接摊平晾晒干燥，如光照强、气温高，应用其干燥的茎叶覆盖，以防鳞茎晒伤。洋葱暴露在干燥的空气中时，空气温度不宜超过 35℃，干燥时间应根据天气和洋葱水分含量确定，一般干燥处理 10~15d，鳞茎在贮藏前应使管状叶和鳞茎外皮成干燥状态。用于贮藏的洋葱，过早采收鳞茎尚未长成，而未成熟或未进入休眠的洋葱，其鳞茎中可利用的养分含量高，贮藏时容易发芽和引起病菌繁殖，造成腐烂，但采收过晚，洋葱易裂球，遇雨更会使鳞茎很难干燥，容易腐烂。北京市贮藏洋葱采收期一般为6月上旬至 7 月中旬，本市加工配送企业在内蒙古、河北承德、张家口地区种植的秋贮用洋葱，一般在 7 月中旬至 8 月上旬采收，不同地区略有差异。北京平原地区一般采收期为 6 月上旬，延庆可推迟至 7 月中下旬采收，鲜食不贮藏的洋葱，可适当早采收。

2.关注商品性

洋葱属绿体春化作物，植株长到一定大小，在低温状态下，会完成春化过程，条件适宜时会出现抽薹现象。洋葱的抽薹与品种、播种时间、幼苗大小和光照、水肥等因素有关。已完成春化过程的洋葱，不适宜长期贮存，为避免抽薹而造成经济损失，应提早采收上市，如用于贮藏极易发生长芽、腐烂问题，造成商品性差、损耗率高。壤土或黏质土壤种植的洋葱，因鳞茎质地紧密更利于贮藏。洋葱采收前7~10d停止浇水，采收期遇降雨天气，应在雨后5~7d采收。洋葱采收时应避免机械损伤；洋葱加工时，预留假茎的长度不应超过4cm。洋葱按照鳞茎形状分为圆形、扁圆形或椭圆形，按照外皮颜色分为紫色、黄色或白色，按照鳞茎大小分为普通和袖珍小洋葱。不同品类商品性差异较大。黄色洋葱品种单产高，种植面积最大。应根据销售渠道对商品性要求，种植适宜的品种，并通过选择种植土壤、合理密植、保持土壤含水量、采前控水，适时采收、合理晾晒，来保证洋葱的商品性。洋葱商品性要求：鳞茎外叶形状完整，颜色（黄色、紫色、白色）均匀，饱满硬实，外层鳞片光滑，色泽鲜亮，无裂皮，无损伤，果形良好，留假茎基1~1.5cm；果肉紧实致密，大小均匀，修理整齐，无破损、无皱缩；根和假茎切除干净、整齐，无明显的机械损伤，无发芽、软腐、异味、斑痕、冻害和异常水分等缺陷；内部无腐烂、霉心、抽薹等缺陷。

3.预贮

预贮包括晾晒和分级、装袋等环节。首先，把经过田间晾晒的洋葱，剔除出发芽、腐烂、机械损伤部分。其次，按照大小进行分级，分级后的洋葱再次进行晾晒，降低洋葱的含水量。两次晾晒也可直接在田间一次完成。洋葱鳞茎表皮干燥后装入网袋，在通风、避雨、遮光的地方存放。为预防贮藏过程中洋葱发芽，可按照规定使用法规允许的抑芽剂进行处理。黄色洋葱品种较紫色、白色品种耐贮藏；球形扁圆、含水量少、辣味重的品种相对比较耐贮藏。用于贮藏的洋葱，应选择晚熟、休眠期长的品种，洋葱花茎、外层鳞片破损、双头或头茎过大、过小、畸形、未充分成熟或已解除休眠的洋葱不适宜贮藏。

4.保鲜技术

贮藏洋葱适宜温度为0℃，大量贮藏温度上下变化不超过0.5℃，少量存储也不宜超过1℃，适宜湿度为60%~70%，氧气浓度为3%~6%，二氧化碳浓度为8%~12%。洋葱为一季采收，通过贮藏实现全年供应。

贮藏方式包括室内挂藏、垛藏、堆藏、冷库、气调库等方式，大量贮藏以冷库方式为主，周年贮藏可使用气调库贮藏。利用自然环境降温进行堆藏，洋葱贮藏期可达3~6个月；采用机械制冷方式贮藏，洋葱贮藏期最长不宜超过9个月。洋葱入库前应对贮藏库进行消毒处理。洋葱贮藏包装一般使用便于通风的有孔的编织袋包装。短期遭受冷害使鳞茎出现轻冻害，只要不冻实心，采取缓慢升温后，虽不影响商品品质，但不能继续贮藏。

5. 出库与加工

贮藏的洋葱一般集中出库销售，短时间销售完毕，时间一般在元旦过后价格较高时开始销售；对以均衡供应市场的贮藏洋葱，应采取集中出库、分散上市的原则，减少贮藏库开门次数，避免库内温度变化大，造成洋葱发芽。洋葱可采用槽型盒、托盘＋保鲜膜、保鲜袋、网袋等包装方式，应根据销售渠道和品牌定位，选择适宜包装方式。洋葱在休眠期结束前，可在室温下存放，洋葱已过休眠期的，则必须在低温下贮存，已过休眠期的洋葱，放在常温下，一般一周左右时间就会长芽，应尽快食用。洋葱除鲜食外，还可加工成脱水蔬菜，脱水蔬菜更便于保存。

秋收马铃薯采后耗损轻减实用技术

马铃薯含有淀粉、糖、蛋白质、纤维素、矿物质、维生素等成分，是最重要的粮菜兼用作物，同时也可作为食品加工原料，并且马铃薯耐贮藏和运输，在蔬菜周年供应中，具有不可替代的地位。马铃薯营养全面，果肉颜色丰富，食用方法多样，深受消费者喜爱，又因管理简单、生产易规模化、操作易标准化，单产高、效益好，生产者爱种植。北方秋露地收获的马铃薯贮藏后供应期较长，经济效益提高，但贮藏中常出现绿皮、萎蔫、腐烂等问题，困扰着生产经营者。做好马铃薯采后管理工作，可提高成品率，降低损耗率，延长马铃薯供应期。

1.适时采收

进入白露节气后，气温逐渐降低，北京市农业企业在内蒙古、河北北部种植的马铃薯陆续进入采收期。为保证贮藏品质，应根据种植区域气候和品种特性，在最佳收获期采收。内蒙古、河北北部用于贮藏的秋马铃薯采收期多数为 8 月中旬至 9 月上中旬。用于贮藏的马铃薯，应在茎叶枯黄时采收，此时为生理成熟期。马铃薯采收期不严格，可根据市场需要，既可适当早采，提早销售，也可延迟采收，但最迟应在温度 7℃马铃薯停止生长前完成采收工作，5℃左右完成入库工作，以免发生冷害，影响贮藏效果。早期死秧的马铃薯，更应及时采收，并应在休眠期结束前完成入库，否则马铃薯贮存、销售时易出芽，造成品质降低甚至失去商品性。

2.关注商品性

薯块埋藏过浅或裸露，马铃薯易出现绿皮现象，为避免生长过程中薯块出现绿皮，对覆土较薄的，后期应采取培土、覆盖等措施。干旱地块生产的马铃薯较耐贮藏，病虫害严重地块、生长后期被水泡过的、涝洼地块的马铃薯耐贮性较差。青皮、长芽、芽眼深、果皮不光滑、果皮皱缩为影响马铃薯贮藏品质的常见问题。应根据用途，有针对性地选择菜用、加工型、高淀粉马铃薯品种，并通过选择种植土壤、合理密植、保持土壤含水量、采前控水、适期采收等措施，保证商品性，为贮藏打下坚实基础。马铃薯商品性要求：薯形端正完好，芽眼浅，外观新鲜，表面光洁、鲜亮、新鲜，无表皮破损、无机械损伤，无麻斑，无明显凹凸部位，无裂痕，无疤痕，无泥土，无杂物，无虫眼，无黑心，无发芽，无绿皮绿薯。

3. 预贮工作

预贮工作是做好贮藏工作的基础，重点包括分级工作和促进伤口愈合工作。分级工作：在收获时，对马铃薯按照规格及时进行分级，同时剔除病薯、烂薯和果皮变绿的薯块。分级后把适合贮藏的马铃薯存放在温度较高、通风的地方，薯块码放高度一般不超过 1m，宽度不超过 1m，预贮温度为 10~20℃，预贮时间为 10~15d，通过预贮加快薯块伤口愈合，提高耐贮性。马铃薯收获前雨水较多时，块茎含水量高，应适当延长预贮时间，适当降低薯块含水量。入库要求：把分级后准备贮藏的薯块，在伤口愈合后，分区域存入贮藏库中。入库应在休眠期结束前完成，否则易出现马铃薯长芽，品质降低或失去商品性，导致无法保证贮藏效果；马铃薯休眠期长短与品种、薯块大小等有关，休眠期最短 1 个月，最长可达 4 个月；早期死秧的马铃薯的休眠期应从秧子失去生命力时计算。贮藏时可采用塑料编织袋、网袋、塑料筐等盛放，也可直接码放。贮藏的马铃薯不宜水洗，应带土带泥贮藏，有助于预防表皮失水。也可直接在贮藏库内进行预贮工作，但要求库内温度为 10~20℃，并保持通风，尽可能缩短伤口愈合时间。

4. 应用贮藏技术

马铃薯在温度 2~3℃、湿度 85%~90% 条件下贮藏，贮期可达 4~8 个月，贮藏设施条件好，管理得当的可实现周年供应。马铃薯可窖藏、冷库贮藏。入库贮藏时应注意码放方法，码放高度、宽度关系贮藏效果。码放过高、过宽时，应在一定间隔放置通风道，保持空气流通，使贮存库内不同位置，温湿度基本一致。贮藏过程中应保持适宜温度，同时注意避光、保湿。贮藏及销售过程中，着光易出现薯块产生茄碱苷，表皮变绿，食用易中毒；失水后表皮出现褶皱，果肉颜色变浅，商品性降低；使用窖藏的，应注意调节通风口的大小，前期注意温度不要过高，中后期温度不要过低；应避免薯块萎蔫、糠心、出芽、腐烂等使品质变劣现象发生。贮藏过程中，应时刻关注温湿度变化，温度变化最好控制在 ±0.5℃以内。

5. 出库管理

马铃薯在出库时，应根据用途，采取不同温度管理措施。加工型马铃薯出库前，应提高库温至 15℃，以加速马铃薯糖化。菜用马铃薯一般出库后直接销售，一般在 4 月底南方大量新的马铃薯上市前出库销售完毕。南方当年新采收的菜用马铃薯，皮薄、品质好，5 月初开始大量运至北京市销售，而贮藏的马铃薯休眠期已过，条件适合会有长芽的风险，品相较差，品质也有所降低，及早销售贮藏的土豆，能降低贮藏马铃薯的损耗率。

秋收南瓜采后耗损轻减实用技术

南瓜含有丰富的胡萝卜素、维生素 C、果胶、淀粉和糖类等营养物质。它以嫩瓜或老熟瓜供食用，可炒食、蒸食、煮粥等，还可作为食品加工原料。南瓜营养全面、食用方法多样，是公认的保健蔬菜，深受消费者喜爱；南瓜种植简单，管理易标准化，单产高，效益好，生产者喜欢种植。嫩南瓜主要作为蔬菜随采随销，老熟南瓜通过贮藏，延长供应期，便于均衡供应。贮藏成为延长南瓜供应期的重要手段，秋茬南瓜贮藏数量大，对冬季供应至关重要，但南瓜腐烂甚至烂库问题时有发生，造成较大经济损失，如何保证贮藏效果，降低损耗率，这个问题一直困扰着生产经营者。不同南瓜品种贮藏有一定的特殊要求，应根据贮藏南瓜的品种特性，有针对性地采取采后管理措施，可以保证贮藏效果。

1. 适时采收

嫩瓜一般在花凋谢后 10~15d 采收，老熟瓜一般在花凋谢后 30d 左右采收，最适采收期与种植茬口、品种、气候条件、栽培水平等有关。果肉可分为致密或疏松，黏质或粉质，品种间糖度差异较大，应在选择品种时予以关注。嫩瓜过早采收，品质好，但单产低；过晚采收，单产高，但鲜嫩度下降，品质略差。贮藏用的老熟南瓜采收早，单产高，但果皮未完全老化，可溶性固形物含量低，果皮易出现机械损伤，干物质含量低，贮藏时果肉易收缩、易腐烂，贮藏期短；采收过晚，果皮果肉硬度高，干物质含量高，不易产生机械损伤，贮藏期长，但单瓜重略降，果皮颜色光泽度变暗，品相差；贮藏用的南瓜以十成成熟度为好。采收时间应首先确定采收目的与用途，即采收嫩瓜还是老瓜，是采收后直接食用还是用于贮藏。采收时应留 2cm 果柄。适时采收、适当晚收对延长南瓜贮藏时间，降低失水率、损耗率十分必要，贮藏南瓜采收应最迟在夜间气温降至 10℃前完成，以免遭受冷害，缩短贮藏期。

2. 关注商品性

搭架方式种植的南瓜，应合理密植，避免叶片过密，造成生长过程中南瓜出现蹭皮、着光不均等问题；露地种植的，应在南瓜长到一定大小时进行翻瓜，并在底部垫上硬纸板或泡沫，以减少南瓜因接触土壤而出现的土斑。贮藏南瓜的种植，应选择坡地或地势高的地块。南瓜品种糖度差异较大，如甜糯蜜品种可溶性固形物含量可达18%以上，而多数品种为12%左右，糖度越高，对贮藏条件要求越高。应根据消费者对糖度、糯性、沙性等品质的需求，选择适合的南瓜品种，并采取适宜土壤种植、合理密植、保持土壤含水量、翻瓜垫瓜、采前控水、合理成熟度采收等措施，保证商品性，为贮藏打下坚实基础。病虫害严重、成熟度低于九成、地势低洼被雨水浸泡过的地块生长的南瓜不适宜长期贮藏。贮藏南瓜商品性要求：果形端正，果皮坚硬，表层无受损现象，果柄长2cm，且老化，瓜面光滑，色泽光亮，着色均匀，有品种特有的条纹，颜色为深绿色、浅灰色、红色等；成熟度老熟，果肉厚，口感甘甜，肉质细面，糖度高；无疤痕、无畸形、无腐烂、无机械伤痕、无冷冻害、无萎蔫、无腐烂等。

3. 预贮工作

预贮工作包括分级、伤口愈合、入库整理等环节。分级：对收获的南瓜剔除病瓜、烂瓜，并按照大小、成熟度进行分级。伤口愈合：分级后把适合贮藏的南瓜存放在温度较高、通风的地方，码放高度一般不超过2m，宽度不超过1m，两排之间留有20cm通风道，预贮温度为15~25℃，预贮时间为10~15d，通过预贮使南瓜果面及果柄伤口愈合，部分成熟度较低的南瓜果皮完成硬化，提高耐贮性。入库：把适宜贮藏的南瓜入库，包装方式、码放方法与贮藏方式有关。贮藏时可采用塑料编织袋、网袋、塑料筐、纸箱等包装方式，也可不用包装物直接码放，但底部需垫物，不能直接接触地面。

4. 应用贮藏技术

老熟南瓜适宜贮藏温度为10~15℃，湿度为70%~75%，贮藏期一般为2~4个月。南瓜的具体贮藏温度与果肉厚度、果肉紧密度、成熟度、水分含量、糖度等有关，大规模贮藏前应少量试贮，积累经验，避免造成经济损失。南瓜可用冷库贮藏，也可采取室内堆藏等方法。入库贮藏时应注意码放方法，码放高度、宽度与贮藏设施条件有关，码放过高过宽时，应在一定间隔放置通风道，保持空气流通，使贮存库内不同位置，温湿度基本一致。贮藏过程中应保持适宜温度，同时控制湿度，避免果皮表面出现水珠。贮藏过程中，应时刻关注温湿度变化，温度变化最好控制在±0.5℃以内，不定期检查贮藏库内南瓜外观和品质变化。南瓜果皮表面出现水珠时，应及时通风以降低湿度；果皮表面长时间出现水珠，易造成南瓜腐烂，是造成烂库的主要原因；避免果面结露，是保证贮藏效果的关键；长时间低于贮藏温度，会出现水渍状斑点、凹陷等冷害症状。

5. 出库管理

南瓜出库时，应一次出库分次使用，避免频繁开库，出现每天开库甚至一天开几次库的问题。设立缓冲间，存放出库后的南瓜，使南瓜缓慢升温，逐步提高至 20~25℃，时间 5~7d，以促进南瓜糖化，提高老熟南瓜的糖度，增加面度，改善口感，提高南瓜商品性。

秋收鲜姜采后耗损轻减实用技术

鲜姜含有碳水化合物、蛋白质、多种维生素及矿物质等营养成分，因其含有的姜辣素，为最典型的香辛调味蔬菜，有"菜中之祖"之称。鲜姜还可作为加工制品原料和中药材，具有温暖、发汗、解毒等作用。鲜姜多为露地种植，通过贮藏可实现一季种植全年供应，但因采后环节管理措施不当，出现萎缩、腐烂等问题，有的甚至失去商品性，造成很大经济损失。为了减轻秋收鲜姜采后耗损，做好鲜姜采后管理工作就显得尤为重要。

1. 适时采收

立秋前后，北京市鲜姜进入旺盛生长期，也是产量形成的关键时期。鲜姜一般在气温 15℃左右停止生长，进入贮藏鲜姜最佳采收期。鲜姜采收时间因大棚、小拱棚、地膜覆盖、露地种植等种植方式不同，采收时间有所差异；设施种植的鲜姜，多采收后直接销售；贮藏的鲜姜，多为春露地种植，秋季采收。为保证贮藏品质，应根据种植区域气候条件，在最佳收获期采收。鲜姜采收期不严格，北京市平原地区鲜姜最佳采收期不同年份略有差异，一般 9 月下旬至 10 月中旬，以姜停止生长为标志。过早采收，鲜姜正处于生长期，影响产量，并且水分含量高，不利于贮藏；过晚采收，早晚气温低，姜块极易发生冷害，耐贮性差。收获嫩姜的，可在根茎旺盛生长期，趁姜块鲜嫩时提早收获，此时根茎含水量高，组织柔嫩，纤维少，辛辣味淡，除作调味蔬菜之外，主要用作食品加工原料。种姜发芽长成新姜后，老姜内部组织完好，既不腐烂，也不干缩，甚至高于姜母重量，老姜一般与鲜姜一同采收，也可先采收姜母。用于贮藏的鲜姜，应在停止生长后采收，此时收获的姜耐贮性好，利于长期贮存。采收一般在早晨或阴天进行，不在雨天或大晴天进行。秋季采收的鲜姜适宜贮藏；夏季采收的姜因含水量高，抗病性弱，损耗率高，不适宜贮藏。

2. 关注商品性

鲜姜喜温、喜光，但高温、强光不利于姜的生长，应采取遮阴措施，降低光照强度和温度，创造适合生长的环境。沙性土壤种植，根茎光洁美观，含水量较低，干物质多，但姜单产低。以土层深厚、土质疏松、有机质丰富、通气和排水良好的土壤，种植鲜姜为最好。收获鲜姜、嫩姜时间不同，商品性也有所差异。选择脱毒姜母、适宜密度、适度遮阴、大肥大水，适时采收，才能取得高产和高品质的鲜姜。收获前2~3d浇一次水，使土壤湿润、土质疏松，便于收获时能轻松将植株拔出或刨出，并能轻易去掉根茎上的泥土，保留2cm地上残茎，去除毛根，趁湿入窖。干旱地块生产的姜较耐贮藏，涝洼地块甚至被水浸泡的地块的姜不适宜贮藏。长芽、果皮不光滑、果皮皱缩是常见的影响品质问题。在采收前和入库前已达到冷害标准的鲜姜，随着时间推移，冷害特征会越来越明显，应尽快销售，避免造成经济损失。鲜姜商品性要求：块形端正完好，外观新鲜，姜皮老化，表面光洁、鲜亮、新鲜，无表皮破损、无机械损伤，无麻斑，无明显凹凸部位，无裂痕，无疤痕，无泥土，无杂物，无虫眼，无黑心，无发芽。

3. 预贮工作

预贮工作是保证贮藏效果的关键环节。首先，对收获的姜，按照规格进行分级，同时剔除病姜、烂姜和机械损伤的姜。贮藏有上述问题的姜，会增加腐烂的风险，严重的会造成烂窖。其次，采收后的姜块组织脆嫩，易脱皮，需要在18~20℃下进行"圆头"，即在通风的情况下进行阴干，使表皮尽快老化，水分含量降低，使茎与块根脱离处伤口愈合，表皮老化，增加姜的耐贮性。最后，入库入窖前应对贮藏库、窖进行消毒处理，以免库、窖带有病菌，影响贮藏效果。分级后适合贮藏的姜，应及时入库入窖贮藏。

4. 应用贮藏技术

鲜姜适合在贮藏温度12.8℃、湿度85%~90%条件下贮藏，贮期可达5~6个月，甚至1~2年。嫩姜贮藏温度应适当提高，姜母贮藏温度与鲜姜相同。姜可窖藏、埋藏，也可用改良冷库贮藏。贮藏温度低于10℃，易受冷害，低于0℃，易受冻害，采收等环节受过冷害、冻害的鲜姜贮藏更易腐烂；贮藏温度高于20℃时，易出现伤热，也易造成鲜姜腐烂。入库贮藏时应注意码放方法，码放高度、宽度与贮藏设施条件有关，码放过高过宽时，应在一定间隔放置通风道，保持空气流通；贮存库内不同位置，温湿度应基本一致。贮藏过程中，应时刻关注温湿度变化，温度变化应控制在±0.5℃范围内。

5. 出库管理

鲜姜出库时，最好短时间完成净库。如果出库时间长，应采取一次出库多次使用的方式，避免频繁出入贮藏库（窖），使库内温湿度出现骤变问题，而缩短姜的贮藏期。出库后进入流通环节的鲜姜，可用保鲜膜包裹等方式延长鲜姜的保鲜期。清洗后的鲜姜，温湿度条件适宜易出芽，商品性降低，严重时会失去商品性，应随销售随清洗。鲜姜应保持本来颜色，不得使用法规禁止方法处理。

秋收胡萝卜采后耗损轻减实用技术

胡萝卜富含人体需要的多种胡萝卜素，具有降低血压、强心、消炎、抗过敏等作用，为重要的根茎类蔬菜，同时也是重要的食品加工原料和主要出口蔬菜品种。胡萝卜营养丰富，食用方法多样，深受消费者喜爱。胡萝卜种植简单、管理省工、单产高、耐贮运，市场需求量大，生产者爱种植。长芽、糠心、表皮皱缩及变黑为胡萝卜贮藏过程中常见问题。秋收胡萝卜主要通过贮藏延长供应时间，满足冬春季市场供应。做好秋收胡萝卜采后管理工作，可保持商品性，保证市场供应，有效降低损耗率。

1. 按标准采收

秋茬光照充足、气温适宜，是一年中最适合胡萝卜生长的季节，生长后期昼夜温差大，更利于养分的积累。胡萝卜采收期不严格，可根据品种特性和市场需要，综合考虑产量、单价等因素，及时调整采收标准，但用于贮藏的胡萝卜，应根据贮藏要求，按照标准采收。过早采收，水分含量高，肉质根未充分长大，产量低，品质差，更适合直接销售；过晚采收，成熟度过高，中心柱粗，质地劣，不适合贮藏。当市场供应量不足时，可适当早采，既能保证市场供应，又能提早获得收益，同时也能避免集中上市出现销售慢、价格低等问题；采收过晚，胡萝卜品质会降低，达到最适采收期后，应及时按照标准采收。采收时留2~3cm叶柄，利于胡萝卜保持商品性。

2. 关注商品性

胡萝卜包括普通胡萝卜、水果胡萝卜、加工型水果胡萝卜、袖珍胡萝卜等品类，果肉颜色有橘红色、橘黄色、紫色、褐色、黄色、白色等。应从生产环节入手，关注分叉、弯曲、裂根、瘤包等影响商品性的主要问题。秋收胡萝卜生长前期光照强、气温高，应采取小水灌溉等措施，增加环境湿度，创造适合生长的小环境；生长后期特别是秋分后，气候条件适宜胡萝卜生长，有利于营养物质积累和产量形成。土壤过干会造成胡萝卜肉质根细小、根形不正、分叉、表面粗糙，品相差；土壤过湿易出现裂根等问题。生长期内应注意氮、钾肥的施用，并在采前10d控水，保证其甜度。壤土或沙壤土种植的胡萝卜，果皮光滑，畸形发生率低，商品性佳。应根据销售渠道对商品性要求，种植适宜的品种，并通过选择种植土壤、合理密植、保持土壤含水量、采前控水，控制采收成熟度，保证商品性。普通胡萝卜商品要求：肉质根发育成熟，根形完整良好，端正均一，表皮光滑，肉质根均匀，质地脆嫩，口感好；肉质根着色均匀，顶部无绿色或紫色，果形完好，无机械损伤；无根须，无开叉，无裂纹，无疤痕，无畸形。

3.贮藏技术

胡萝卜在温度0℃、湿度90%~95%条件下贮藏，贮期可达3~6个月。秋收胡萝卜水分含量适宜，可长期贮存，但不同胡萝卜品种耐贮性能差异较大。水果胡萝卜经过短期贮藏，鲜食口感更脆甜。农家品种含水量低，耐贮性好；目前大量使用的进口品种，品质高，但因含水量高，耐贮性相对较差；水果胡萝卜、加工型水果胡萝卜、袖珍胡萝卜不适宜长期贮藏。胡萝卜分传统贮藏和现代贮藏。传统贮藏包括沟藏、堆藏、窖藏等方式；现代贮藏包括冷库、气调库贮藏等方式。堆藏方式贮藏时间短；含水量较高的品种，沟藏易出现长芽和脱水现象，沟藏更适合含水量低的胡萝卜品种，特别是农家品种。胡萝卜可采取在种植土壤中寄存的方式贮藏，但播种时间应适当推迟，避免成熟度过高，发生裂根现象。胡萝卜有带土带泥的不清洗贮存方式，也有水洗后贮存的方式。沟藏时如土壤湿度不足，应在入贮时浇水，浇水量应根据土壤性质、土壤湿度及所贮胡萝卜的品种而定，但总原则是沟底不能有积水。无论哪种方式贮藏，低温高湿是贮藏胡萝卜的必要条件，贮藏环境适宜，能避免肉质根萎蔫、糠心、出芽、腐烂、风味变淡、表皮变黑等品质变劣现象发生，贮藏时带土带泥，有助于防止表皮失水和表皮变黑。入库前应对胡萝卜进行分选，剔除病虫害、机械损伤、畸形的胡萝卜；销售渠道对产品规格有要求的，应按照长度、单重等指标进行分级，分级后单独存贮。

4.出库管理措施

胡萝卜出库出窖后，应对胡萝卜进行清洗；入库前已清洗的，因贮藏过程中长有须根，也应进行二次清洗。沟藏、窖藏、冷库贮藏方式不同，出库方式也不同。沟藏、窖藏的胡萝卜，需要销售时，应随销售随出货；冷库贮藏的胡萝卜，应一次出库，分次销售，以避免频繁开库，造成库内温湿度变化大，影响库内胡萝卜品质。

5.合理加工包装

胡萝卜分为贮存包装和销售小包装两种包装方式。贮存可用纸箱、塑料筐、网袋等包装方式；贮存数量特别大时，多采用直接码放方式。销售小包装因包装品类和销售渠道有所区别，应根据销售渠道，选择适宜包装方式。普通胡萝卜多采用保鲜膜包裹、托盘＋保鲜膜、保鲜袋、网袋、保鲜盒等包装方式，水果胡萝卜多采用保鲜盒、保鲜袋等包装方式。

加工型胡萝卜比迷你（袖珍）胡萝卜单产高，可用机械加工成迷你（袖珍）胡萝卜。迷你胡萝卜作为休闲食品销售，能提高商品附加值；水果胡萝卜、袖珍胡萝卜虽然单产低，价格高，但品质佳，深受消费者喜爱。水果胡萝卜、袖珍胡萝卜、紫色胡萝卜等特色胡萝卜，经济价值高，经济效益好。

6.家庭贮存方法

秋季大量上市时，胡萝卜价格低，秋冬季节胡萝卜消费量大，家庭可把胡萝卜放在塑料袋中，在温度较低处存放；也可放在大白菜中间，利用大白菜保持胡萝卜温湿度；少量可在家用冰箱中存放，可用保鲜膜包裹、保鲜袋盛放，保持包装内胡萝卜湿度，减少表皮萎蔫、糠心等问题发生。水果胡萝卜可装入保鲜袋在冰箱冷藏室存放，一般贮藏 3d 后脆度增加，口感更甜。

秋收萝卜采后耗损轻减实用技术

萝卜肉质根中富含人体需要的营养物质，特别是淀粉酶的含量较高，可作为蔬菜、水果食用，也可作为食品加工、腌制品原料。萝卜还是药用植物，具有祛痰、消积、利尿、止泻等作用，是消费者喜爱的保健蔬菜。萝卜种类多，种植管理简单、单产高，生产者喜欢种植。秋收萝卜通过贮藏供应冬春季市场，调节市场供应，但管理措施不到位，易出现糠心、辛辣味加重等问题，影响贮藏效果。做好秋收萝卜采后管理工作，有助于更好的保持其商品性，降低损耗率，提高贮藏效果。

1. 按标准采收

秋茬萝卜前期光照充足、气温高，适合快出苗，前期生长快，生长后期昼夜温差大，利于养分的积累。萝卜采收期不严格，可根据品种特性和市场需要，综合考虑产量、单价等因素，及时调整采收标准，但用于贮藏的萝卜，应根据贮藏要求，按照标准采收。过早采收，水分含量高，肉质根未充分长大，品质差，产量低，更适合直接销售，产品不适宜贮藏；过晚采收，成熟度过高，贮藏时易裂根，只适合采收后直接销售。当市场供应量不足、价格较高时，可适当早采，既能保证市场供应，又能提早获得收益，同时也能避免集中上市出现销售慢、价格低等问题；采收过晚，萝卜品质会降低，达到最适采收期后，应及时按照标准采收。采收前，土壤水分含量适宜，既可保护肉质根完整，也能使肉质根含水量适宜，为贮藏奠定基础。

2. 关注商品性

萝卜种类多，肉质根有白色、粉红色、紫红色、绿色、深绿色等颜色，肉质根有圆、扁圆、卵圆、圆柱、长圆柱、纺锤等形状，肉质根单重从十几克到几千克，品种间形状、大小差异较大。应从生产环节入手，关注分叉、弯曲、裂根、糠心、苦味、辣味等影响商品性的主要问题。秋收萝卜生长前期光照强、气温高，应采取小水灌溉等措施，增加环境湿度，创造适合生长的小环境；生长后期温差大，气候条件适宜萝卜生长，有利于肉质根营养物质积累和产量的形成。土壤过干会造成萝卜肉质根细小、根形不正、分叉、表面粗糙、辣味加重；土壤过湿易出现裂根等问题。生长期内应注意磷、钾肥的施用，并在采前 10d 控水，保证其甜度。壤土或沙壤土种植的萝卜，果皮光滑，畸形发生率低，商品性佳。应根据销售渠道对商品性要求，选择种植品种，并通过选择种植土壤、合理密植、保持土壤含水量、采前控水、控制采收成熟度等措施，保证商品性。白萝卜商品要求：个体形状整齐，色泽一致，肉质脆嫩致密，表皮光滑、洁净，没有青头；形体直，须根少，无叉根、无虫眼，无机械损伤，新鲜，无皱缩，表面无黑斑点，无黑心，不糠心，采收时留叶柄 4cm，不萎蔫。不同品类萝卜，其商品性要求不同。

3. 贮藏技术

萝卜在温度 0℃、湿度 90%~95% 条件下贮藏。秋收萝卜水分含量适宜，可长期贮存，不同萝卜品种耐贮性能差异较大；白萝卜、樱桃萝卜不适宜长期贮藏。萝卜有传统贮藏方式和现代贮藏方式。传统贮藏包括沟藏、堆藏、窖藏等方式；现代贮藏方式包括冷库等方式。堆藏易失水，贮藏时间短；含水量较高的品种沟藏，易出现长芽和脱水现象，沟藏更适合含水量低、表皮颜色深的萝卜品种。萝卜还可采取在种植土壤中寄存方式贮藏，但播种时间应当适当推迟，避免成熟度过高，发生裂根现象。白萝卜用冷库贮藏前可清洗，其他萝卜宜采取带土带泥贮藏。沟藏时如土壤湿度不足，应在入贮时浇水，浇水量应根据土壤性质、土壤湿度及所贮萝卜的品种而定，但总原则是沟底不能有积水。冷库贮藏应注意保持湿度，避免表皮失水。无论哪种方式贮藏，低温高湿都是贮藏萝卜的必要条件，该条件下能避免肉质根萎蔫、糠心、出芽、腐烂、风味变淡等品质变劣现象发生。贮藏时带土带泥，有助于防止表皮失水后萎蔫。入库前应对萝卜进行分选，剔除病虫害、机械损伤、畸形的萝卜；销售渠道对产品规格有要求的，应按照规格指标进行分级。卫青萝卜、紫脆梨等水果萝卜经过短期贮藏后，辛辣味降低，口感更脆甜。

4. 出库管理

萝卜出库出窖后，应对表皮进行清洗。沟藏、窖藏、冷库贮藏方式不同，出库方式也不同。沟藏、窖藏的萝卜，需要销售时，应随销售随出货；冷库贮藏的萝卜，应一次出库，分次销售，以避免频繁开库，造成库内温湿度变化大，影响库内萝卜品质。

5. 合理加工包装

萝卜分为贮存包装和销售小包装两种包装方式。贮存可用纸箱、塑料筐、网袋等包装方式；贮存数量特别大时，多采用直接码放方式。销售小包装因包装品类和销售渠道有所区别，应根据销售渠道，选择适宜包装方式。萝卜有保鲜膜包裹、托盘＋保鲜膜、保鲜袋、保鲜盒等包装方式，水果萝卜多用采用保鲜盒、保鲜袋等包装方式。青、红色萝卜还可加工成冻干产品，与其他产品配色，作为零食销售，提高产品附加值。

6. 家庭贮存方法

秋季萝卜大量上市时，价格低，而秋冬季节萝卜消费量大，家庭可把萝卜放在塑料袋中，在温度较低处存放；也可放在大白菜中间，利用大白菜保持萝卜温湿度；少量贮存可用保鲜膜包裹，在家用冰箱中存放保持包装内萝卜湿度，可减少表皮萎蔫、糠心等现象发生。

秋收大白菜采后耗损轻减实用技术

大白菜含有丰富的维生素、纤维素和矿物质，营养丰富，风味佳美，食用方法多样，深受消费者喜爱。大白菜作为北京市秋冬季最重要的贮藏蔬菜，因单产高、管理简单省工，生产者爱种植。大白菜含水量高，叶面积大，贮藏环境湿度低时，失水易萎蔫，湿度高又易腐烂，一般损耗率达 20%~30%，高的可达 40% 以上，经济损失大。冬贮大白菜损耗率高，直接影响经济效益。如何降低损耗率，一直困扰着贮存者。做好秋收大白菜采后管理工作，有助于更好的保持大白菜商品性，降低贮藏过程中的损耗率，提高其贮存效益。

1. 适时采收

秋收大白菜进入秋分节气后，光照充足、气温适宜，非常适合大白菜的生长。秋分过后光照温度适宜，昼夜温差大，白菜单棵增重快，是产量形成的关键时期。适宜的收获期以正常年份不发生严重冻害的保证率达 90% 的日期之前 5~15d 进行为宜，最低气温连续 3d 在 −5℃时即为受到冻害。北京平原地区冬贮大白菜采收时间一般为 10 月下旬至 11 月初，年度间略有差异，以最低气温作为判断依据。收获后直接销售的大白菜对采收时间要求不严格，但建议提前采收，及早上市；大面积种植时，应先采收成熟度高的大白菜，再逐步采收成熟度低的。提早采收，大白菜成熟度低、单产低；过晚采收，产量高，成熟度过高的大白菜，因贮藏过程易出现爆球问题，甚至失去商品性，不适宜贮藏。大白菜一般在八九成熟时采收，贮藏过程中还能继续生长。有烧心等生理病害的大白菜不适宜贮藏。直接鲜销的大白菜，生产者应根据单产、价格、用途等因素，调整采收标准，但最好早采收、早销售。在外埠大白菜进京数量少、市场销售价格较高时，及早进行销售，避免集中采收上市时，出现销售难问题。生产者应关注 10 月下旬至 11 月初气温变化，做到适时采收，按标准采收。

2. 关注商品性

秋冬季采收的大白菜，生长后期需大肥大水满足快速生长需要，大白菜在注重底肥的基础上，注意追肥、施肥种类、数量与土壤肥力、生育期有关，烧心为常见缺肥症状，蚜虫（俗称腻虫）为常见虫害，影响商品性，应提早预防。大白菜生长过程中需水量大，应满足不同时期大白菜的生长需要，但为增加大白菜的耐贮性，在采收前8~10d应停止浇水。采收前遇到轻度冷害的，可待气温回升、叶片恢复正常状态时再采收。应根据销售渠道、用途，选择种植适宜品种，通过采前控水，控制采收成熟度，确定合理采收时间，保证大白菜的商品性。大白菜商品性要求：株型直立，叶球高桩叠抱，直筒形，大小均匀，茎基部削平、叶片附着牢固；外叶绿色或浅绿色，叶柄浅绿，光泽良好，外观一致、无色斑；叶球清洁、新鲜，无腐烂、老帮、黄叶等不可食叶片，内部无烧心，外部无杂物，无虫咬叶片，未抽薹，无萎蔫，无侧芽萌发及机械损伤。

3. 贮前准备

大白菜冬贮前工作包括晾晒、整理、预贮等工作。采收时大白菜含水量高，应在田间进行2~3d晾晒，使大白菜外叶失去一部分水分，组织变软，提高大白菜的抗寒能力，但不能过度失水。整理工作主要是去除黄帮、烂叶、病叶，但不宜去掉过多外叶。预贮工作就是把修整后的大白菜，在菜体温度降至1~2℃后及时入贮；预贮环节需预防大白菜伤热及冷冻害。

4. 保鲜技术

大白菜贮藏适宜温度为0℃，湿度为95%，氧气浓度为1%~6%，二氧化碳浓度为0~5%。贮藏方式有堆藏、沟藏、窖藏、冷库贮藏、气调库贮藏等方式。气调库贮藏，贮藏时间长，损耗率最低，保鲜效果最好，适合大规模贮藏。损耗率一般只有1%，在条件允许的情况下，最好采用气调贮藏。改良窖贮藏，成本较低，但贮藏时间短。大白菜种类多，品种间耐贮性差异大；中晚熟品种比早熟品种耐贮；青帮品种比白帮品种耐贮，青白帮介于青帮和白帮之间；直筒形品种比圆球形品种耐贮；成熟度八成熟的比十成熟的耐贮；青麻叶、玉田包尖等品种耐贮性好，品质佳，同一品种也因种植区域和种植方式不同，耐贮性有差异。

5. 合理使用包装

应根据销售渠道和配送方法选择适宜的包装方式。大白菜包装方式简单，主要有保鲜膜包裹、包装盒、包装袋、打捆等方式，但以通透性好的0.01mm厚度PEPO膜包裹保鲜效果最佳，它能避免折断叶片，避免机械损伤，还具有预防失水作用。

6. 家庭贮存方法得当

家用冰箱冷藏室温度一般为2~6℃，大白菜适合在家用冰箱中存放。因大白菜含水量高，保鲜过程中，外叶易萎蔫、心内易腐烂，可用保鲜膜包裹、保鲜袋包装，适当保持包装内湿度，减少腐烂、萎蔫问题发生。

秋收娃娃菜采后耗损轻减实用技术

娃娃菜是一种小型白菜，含有丰富的维生素、矿物质，营养丰富，风味佳美，食用方法简单多样，并且个体小、便于食用，逐渐成为深受消费者喜爱的白菜类型。北京市露地种植秋末采收的娃娃菜，经过贮藏可以错峰销售，既能解决秋季集中销售价格低、销售慢问题，又能实现农业企业和农民增收。娃娃菜生长期短，管理简单省工，生产成本低，风险小，效益高，生产者爱种植。秋季采收的娃娃菜，采取贮藏措施可增加种植效益。但娃娃菜个体小，叶片失水后商品性降低，对贮藏技术要求高。做好娃娃菜采后管理工作，对于延长供应期、提高秋茬娃娃菜效益十分重要。

1. 适时采收

秋分节气后光照充足、气温适宜，昼夜温差增大，非常适合娃娃菜的生长，娃娃菜单棵增重快，是产量形成的关键时期。适宜的收获期以正常年份不发生严重冻害保证率达 90% 日期之前的 5~10d 进行为宜。北京平原地区冬贮娃娃菜采收时间一般为 10 月底至 11 月初，年度间略有差异，个别年份可到 11 月中旬，以最低气温和不受冷害作为判断依据。收获后直接销售的娃娃菜对采收时间要求不严格，应在符合商品性要求后及时采收；大面积种植时，应先采收成熟度高的娃娃菜，再逐步采收成熟度低的。提早采收，娃娃菜成熟度低，心不饱满，单产低，品质劣；过晚采收，成熟度高，单产高，但贮藏过程易出现裂球，甚至失去商品性问题。贮藏过程中娃娃菜还能继续生长，娃娃菜一般在八九成熟时采收，甚至七成熟也可以。有烧心、细菌性斑点、外叶发白类型的娃娃菜不适宜贮藏。采收后直接销售的娃娃菜，应均衡上市，避免采收期集中，销售不及时延迟采收，造成娃娃菜个体过大、商品性降低、增加加工工作量问题。贮藏的娃娃菜应适当延迟播种时间，以避免出现成熟度过高、耐贮藏性能低问题。生产者应关注 10 月下旬至 11 月初气温变化，做到适时采收。

2. 关注商品性

娃娃菜生长期短，秋季采收的娃娃菜，生长中后期需大肥大水满足快速生长需要，在注重底肥的基础上，追肥种类、数量与商品性相关。烧心为最常见缺素症状，蚜虫为常见虫害，影响商品性，应提早采取预防措施。娃娃菜种类多，应选择外叶较绿的品种。娃娃菜为小型白菜类型，亩种植密度应在 1 万株左右。种植密度低，棵大需要去除的外叶多，费工，并且单产低；种植密度过高，单棵重太小，娃娃菜心不饱满，商品性差。应满足娃娃菜不同生长时期养分、水分需要，但为增加耐贮性，在采收前 8~10d 应停止浇水。采收前遇到轻度冷害的，可待气温回升、叶片恢复正常状态时采收。成熟度由贮藏条件和贮藏期决定，一般以八九成成熟度为好。娃娃菜生长期短，应根据用途及品种生育期选择适合播种时间，贮藏的娃娃菜应比正常播种期延迟播种 1 周左右。娃娃菜商品性要求：个体大小均匀，单颗重量 150~200g，外层鲜嫩，包球紧实，叶片颜色黄色或淡黄色，叶球清洁、新鲜，叶片脆嫩，含水量充足，无病斑，无虫害，无烧心，无抽薹，无散叶，无腐烂、老帮、黄叶等不可食叶片，外部无杂物及其他伤害。

3. 贮前准备

娃娃菜贮前准备工作包括晾晒、整理、预贮等工作。采收时娃娃菜含水量高，应在田间进行 2~3d 晾晒，使外叶失去一部分水分，组织变软，提高抗寒能力，但因个体小不能过度失水。整理工作主要是去除黄帮、烂叶、病叶，一般不去除完整无病虫害的外叶。预贮工作就是把修整后的娃娃菜，在菜体温度降至 1~2℃后及时入贮；预贮环节需预防伤热及冷冻害。

4. 贮藏技术

娃娃菜适宜贮藏温度为 0℃，湿度为 95%，氧气浓度为 1%~6%，二氧化碳浓度为 0~5%。贮藏方式有堆藏、沟藏、窖藏、冷库贮藏、气调库贮藏等方式。气调长期贮藏损耗率最低，贮藏时间长，保鲜效果最好，在条件允许的情况下，可采用气调贮藏。推荐园区、农民利用冬季闲置塑料大棚贮藏娃娃菜的方法，此方法简单易掌握，贮藏数量可多可少，并且贮藏成本低，效果好，经济效益高。出库销售前，去除小型白菜外叶，娃娃菜一般以三棵重量 500g 为宜。

5. 合理使用包装

应根据销售渠道和配送方法选择适宜的包装方式。娃娃菜包装方式简单，主要有保鲜膜包裹、包装盒、包装袋等方式，如用通透性好的 0.01mm 厚度 PEPO 膜包裹保鲜效果最佳，它既能避免折断叶片，又能避免机械损伤，还具有预防失水作用。包装数量大时，可采用半自动、自动包装机械进行包装，包装效率高，劳动强度低，长期使用经济效益好。

6.家庭保存

娃娃菜适合在家用冰箱中存放。因娃娃菜含水量高，保鲜过程中，外叶失水后易萎蔫，湿度大心内易腐烂，可用包装纸包裹，既能保持湿度，又能避免腐烂问题发生。

山药秋季采后耗损轻减实用技术

山药富含蛋白质、铁、锌、铜、锰等成分，还含有有大量人体需要的副肾皮素、黏液质、胆碱、淀粉、糖蛋白、游离氨基酸、维生素C、薯芋皂苷元等，除菜用外，可代替粮食，可入药，是国内公认的保健蔬菜品种，也是国内传统出口蔬菜品种。市场上常见山药品种有铁棍山药、麻山药、白玉山药、日本山药等，果肉有白色、紫色等颜色。山药营养丰富，富含蛋白质和碳水化合物，食用方法多样，可炒食、蒸煮、糖熘，具有保健作用，深受消费者喜爱。山药种植简单，用途广，可菜、可粮、可药，消费量大，市场需求旺盛，种植效益好，生产者喜爱种植。华北地区山药秋季采收，经过存贮可实现周年供应。长芽、果肉变色、腐烂为贮藏过程中常见问题，影响品质，也造成损耗率较高，做好贮藏对保持山药品质至关重要。

1. 适时采收

山药一般在秋冬季茎叶经初霜枯黄时采收，华北地区采收多在霜降后进行。北京地区一般在霜降后10d左右进行，时间为10月下旬至11月初，年度间有一定差异，以最低气温不造成山药产生冷害为准。山药采收标准不严格，但采收过早，营养还没有完全进到块茎中，组织不充实，单产低，品质差；采收过晚，易出现冷冻害、易腐烂变质、贮藏品质下降，影响商品性。山药采收前，拆去支架，割去藤茎，在畦的一端，顺畦行旁边深挖一条沟，从侧面采收山药，这样可以保证山药完整，减少折断等问题。采收、运输过程中，要注意防止损伤块茎。山药挖出后，如果直接销售应去除表面泥土，保持好的商品性；如果用于贮藏，应保留泥土，泥土可保护表皮不被蹭伤。山药采收后，准备预贮。雨雪天气，不适合山药采收。

2. 保持商品性

山药商品性优劣除与品种有关外，还与表皮、果肉颜色、脆面等有关。山药商品性要求：块茎长圆柱形，表皮黄棕色，具须根、断面肉白、粉质（脆质）、黏液多，无断裂、疤痕、萎蔫、腐烂等。损伤、断裂、疤痕、病斑、腐烂、虫洞、萎蔫、冻害等为影响商品性的常见问题。山药表面产生暗褐色至灰褐色斑点，残留疹状斑或疤痕；病斑为褐色至黑色，中央稍凹陷，上生有黑色霉状物或刺毛状物，这些现象影响商品性。华北地区常见的山药品种有白玉山药、铁棍山药、毛山药及日本山药。不同山药品种间，果肉面、脆、甜度有一定差异，应根据需要选择适宜的品种种植。土层深厚、肥沃的沙壤土种植山药，块茎皮光滑，形状正；黏质土种植山药，块茎须根多，形不正，易产生分叉，商品性差。白玉山药俗称小白嘴，原产地河北省衡水市，山药含水分少、身白、肉质细嫩、味香甜可口，是麻山药类中的极品，明清年间曾是朝中贡品。损伤、断裂、萎蔫、腐烂、冻害多为贮运销环节措施不当造成。病斑多为连作形成的土传性病害，虫洞多为地下害虫所致。为防止山药断裂，采收、贮藏、运输、销售各环节应采取预防措施。

3.贮藏技术

山药适合贮藏温度为 3~5℃，湿度为 80%~85%，不同品种因含水量不同，贮藏温湿度略有差异。山药可用冷库、窖藏、室内存放等方式贮藏。山药有休眠期，休眠期后，保存条件适宜可贮藏 6 个月，长的可达 1 年以上，实现周年供应；贮藏温度高，块茎果肉颜色易变黄、变褐色，并且贮藏时间缩短；温度过低，又易发生冷害甚至冻害，造成腐烂，最低贮存温度应不低于 1℃；不同山药种类贮藏温度略有差异。采收后按照长度、直径指标，对山药进行分级，便于贮藏管理。把有机械损伤、病斑虫洞、冷冻害等不适宜长期贮藏的山药挑选出来，直接出售或加工成山药干、山药粉、山药汁等制品。无机械损伤、无病虫害、水分含量适宜的山药，可直接入库贮藏；有机械损伤需要贮藏的山药应进行预贮，即在 20℃以上温度下存放一周左右，促使机械伤口愈合，以减少贮藏过程中腐烂现象；采收前遇到雨雪天气，山药水分含量高，采收后的山药应放在通风处，以降低山药含水量。山药贮藏码放时，采取平码方式，之间空隙可用湿细沙填充，避免出现空隙后，山药受力不均，造成折断。此种码放方式，单位面积贮藏数量大，并且受力均匀，山药不易折断。山药码放过高、过宽时，应在一定间隔放置通风道，保持空气流通，使贮存库内不同位置的温湿度基本一致。通风道可用三块木板搭成三角形，也可使用打孔塑料管。室内常温存放山药，无法调整温湿度，贮藏时间短。休眠期后，贮藏温度过高时，山药易出现长芽、果肉变色、果皮萎蔫等现象，温度低时易出现冷害，严重时会造成腐烂。贮藏过程中，应时刻关注温湿度变化，温度变化最好控制在 ±0.5℃以内。

4.出库管理

山药出库后直接销售的，可水洗去除块茎上的泥土；出库后分次销售的，为避免多次开库，造成库内温度波动大的问题影响贮藏期，可一次出库，分次使用。水洗后的山药，不易保存，易出现发芽等问题。贮藏条件差的设施，温湿度不稳定，山药在翌年4月左右易出现长芽、失水等问题，如不能保证后期贮藏品质，最好在4月底前出库完毕。

5.家庭保存

山药在休眠期内可放在室内存放。过了休眠期后，少量可放在冰箱冷藏室存放。大量存放可去皮后，按照每次用量，放在真空塑料袋中，在冷冻室存放，食用前取出，既保持品质，又可节省贮藏空间。

大葱采后耗损轻减实用技术

大葱含有脂肪、维生素、烟酸、钙、镁、铁等成分，叶子圆筒形，中间空，脆弱易折，呈青色，大葱味辛，性微温，具有发表通阳、解毒调味、发汗抑菌和舒张血管的作用。大葱除作为蔬菜外，还是一种重要的调味品。大葱性温、味辛，归于肺、胃经，含有特殊气味，同时还具有杀菌作用，深受消费者喜爱。大葱栽培简单，单产高，效益好，生产者爱种植。大葱以露地种植为主，温室、春大棚、春小拱棚等均可种植，大葱既可供应鲜葱，也可贮藏后上市。北京地区秋季大葱采收后，经过冬贮可供应至翌年3—4月。腐烂、出芽等为大葱冬贮常见问题，造成损耗率高。掌握采后管理技术，合理贮藏大葱，能保证品质，降低存贮过程中的损耗率，增加贮藏者收益。

1. 适时采收

贮藏用大葱采收一般在霜降至立冬前进行，北京地区一般在10月下旬至11月初，天气较暖年份，可适当推迟。大葱采收标准不严格，但采收过早，心叶还能继续生长，影响单产，并且气温高，大葱不易贮藏，可直接销售；采收过晚，假茎失水而松软，品质差，影响成品产量。大葱较耐低温，越接近0℃采收，越利于后期贮藏。贮藏用大葱，葱叶变黄枯萎，水分减少，叶片变薄下垂，养分大部分输送到假茎中，假茎变得充实，为冬贮大葱最佳采收期。冬贮大葱采收后直接在田间晾晒，晒干假茎表皮，去掉附着在假茎上的泥土。鲜品上市的大葱假茎和嫩叶兼用，管状叶生长达到顶峰时，则大葱产量最高，去掉老叶、残叶，保留0.5cm根，即符合商品大葱上市要求。大葱收获应在霜冻前采收，因为霜冻后的大葱叶片挺直脆硬，容易折断，也易感染病害造成腐烂而影响大葱质量，大葱应在白天气温上升，葱叶解冻时采收。收获大葱时应在一侧刨至须根处，把土劈向外侧，露出大葱基部，然后取出大葱。注意不要猛拉猛拔，以免损伤假茎、拉断茎盘或断根，造成质量降低，耐贮性能下降。遇到雨雪天气，心叶带水易腐烂，应在大葱茎叶干后采收。

2. 保持商品性

贮藏用大葱，采收后首先晾晒1~3d，使大葱叶片和须根逐渐失水萎蔫和干燥，假茎外皮干燥形成质膜保护层后，再次入库，利于贮藏。大葱种植品种有一定的地区性，北京地区常见种植品种有高脚白、章丘大葱、日本实心青葱等。不同品种辛辣味差异较大，应选择适宜的品种。垄内深沟栽培，分次培土，促进葱白形成，葱白越长，大葱品质越好，好的贮藏大葱葱白一般在 50cm 以上，葱白直径越粗，单株无分葱，商品性越好。大葱商品性要求：有该品种特有的外形和色泽，叶色浓绿，葱白水分充足，硬实、质地脆嫩，纤维少，味微甜；叶肉厚，叶片上冲，紧凑，根白色，弦线状；无分葱、无枯萎、无黄叶、无泥土，葱白无松空、无弯曲、无破裂、空心、汁液外溢和明显失水现象。

3. 贮藏技术

大葱属于耐寒性蔬菜，贮藏温度为 0~1℃，适宜湿度为 80%~85%。贮藏温度过高，呼吸强度大，抗逆性下降，微生物活动强，易腐烂，易提早结束休眠期，会有提早抽薹现象，还会加快大葱芳香物质挥发而丧失特有的风味品质，商品性降低甚至失去商品性。贮藏温度过低，大葱易受冻，虽然还可食用，但损耗率高。适当通风是大葱贮藏的特殊要求，这是因为空气流通能使大葱外表皮始终保持干燥状态，避免湿度大造成的腐烂，可有效防止贮藏病害的发生。贮藏大葱可用低温冷库、窖藏、沟藏、库房、室内贮藏等方式。大葱"怕动不怕冻"，贮藏时应一次放好，避免频繁挪动，造成耐贮性降低。大葱如遇到冷害、冻害，应逐渐提高贮存温度，存放一段时间后，再放更高温度，使大葱组织细胞逐步恢复活力，一次提升温度过高会造成大葱商品性降低。

4. 出库管理

冬贮大葱不可食用比例高，不可食用率占株重的 30%~40%。大葱净菜上市，应去除大葱不可食用的枯叶和外表皮，并按照长度、直径进行分级后用保鲜膜包裹，保持其新鲜度。如出库后整捆销售的，应剪去黄叶、干叶、部分根须后进行销售。

5. 家庭贮藏

大葱耐低温能力强，冬季可放在室外贮藏，食用前 3d 放到室内，然后再去掉黄叶，剥掉外表皮。少量存放大葱可去掉外叶，只留葱白，并用保鲜膜包裹后，在冰箱冷藏室存放。

芹菜冬季采后耗损轻减实用技术

芹菜含有较为丰富的矿物质、维生素和挥发性芳香油，具有特殊香味，有促进食欲、固肾止血、健脾养胃等保健作用，深受消费者喜爱。芹菜全身都是宝，茎可食用，根、叶可炼香料。芹菜作为北京市冬季重要的叶类蔬菜，因单产高、管理简单、省工，成本低，生产者爱种植。因芹菜栽培方式多样、单产高，对周年供应，特别是提高大城市蔬菜自给率有着十分重要的意义。在此情况下，北京市生产企业、园区、合作社及生产大户，为了减轻芹菜冬季采后耗损，做好芹菜采后管理工作就显得尤为重要。

1. 提倡适时采收

秋季种植的芹菜，生长前期光照强、气温高，生长后期光照、气温适宜，适合芹菜的生长，个体日增重较快，生产者应根据天气、市场等变化，综合考虑产量、价格等因素，及时调整采收标准。芹菜采收标准较宽泛，当市场供应量不足时，价格较高时，应发挥产地优势适当早采，既能保证市场供应，又能提早获得收益。大西芹、空秆芹菜、香芹适采期短，普通芹菜采收期较长，芹菜应在纤维增多、品质下降前采收。芹菜单产高，上市量集中，可通过控温、控水肥等措施，延长冬收芹菜采收期。采收最好在露水干后进行，采收带有露水的应随采收随销售，可减少黄叶、腐烂等问题发生。

2. 关注商品性

商品芹菜共性要求是叶柄绿色或浅绿色，有光泽，叶片新鲜，品质脆嫩，纤维少。冬收的大西芹、普通芹菜，单产高，生育期长，需要水肥多。黄叶、纤维增多、空心、品质下降时，应在生长中期及时补充水肥，调整设施内温度，保证肥料溶解，利于植物吸收，满足芹菜快速生长对养分、水分的需要。大西芹、非空心普通芹菜品种应重点关注空心问题，如有空心迹象，应提前采收，提早销售。香芹因芳香味浓、品质佳、商品性好，更受消费者喜爱。采收后，应注意保温，避免出现芹菜叶片遇低温后变黑、变厚等冷害症状问题。本茬芹菜管理措施得当，一般不会出现抽薹问题。软化芹菜品质高，可用普通芹菜生产软化西芹，减少普通芹菜上市数量，遇有销售困难的年份可利用好此技术。应根据销售渠道、用途，选择种植适宜的品种，合理施肥，采前控水，控制采收成熟度，确定合理采收时间，保证芹菜的商品性。

3. 科学贮运

芹菜贮藏方法有冷库、微冻、假植等方式。冷库贮藏量大，各类芹菜品类均适合；假植为北京、河北地区常用贮藏方法，适宜普通芹菜的贮藏。芹菜适宜在温度 0~2℃、湿度 90%~95% 条件下的冷库内贮藏。本茬芹菜价格呈现上升走势，采收后贮藏可提高种植效益。大西芹耐贮性好，达到适采期后可及时采收入库，冬茬贮藏期可达 2~3 个月；实心芹菜比空心芹菜耐贮藏，普通实心品种芹菜可贮藏 2 个月；香芹个体小，因贮藏时叶易变黄，湿度大时易腐烂，可短期贮藏。芹菜失水后，纤维增多、脆性降低、品质下降，采收后可用增加环境湿度、薄膜遮盖、包装纸包裹等措施进行预防。冬季气温低，采收后至销售环节，室外温度普遍低于 0℃，在 -20~-10℃下无保护措施下，不超过 30min，叶片就会出现僵硬、颜色变深等冷害症状，贮运销环节应注意芹菜保温。简单的保温措施包括用塑料保鲜膜包裹、装入塑料保鲜袋，大量的可加盖覆盖物保温。贮藏期易出现细菌性软腐病、叶枯病、灰霉病等病害，造成芹菜出现灰绿色水浸状并软烂、腐烂现象，重则失去商品性，轻也会使商品性降低，损耗率增加。

4. 合理包装

冬茬芹菜包装除常规要求外，重点注意保温措施。应根据销售渠道、配送方法选择合理包装方式。芹菜可采用保鲜膜包裹、打捆、装盒、装袋等包装方式。普通芹菜、香芹植株较高，合理包装应以避免茎叶折断、减少机械损伤为原则。大西芹可采用单棵包装，也可把茎掰开后进行包装。礼品销售芹菜包装多采用纸盒 + 保鲜袋方式。

5. 家庭贮藏

芹菜是北方冬季当家蔬菜之一。家庭贮藏可分为冰箱贮藏和家用简单贮藏。冰箱冷藏室温度一般为 2~6℃，芹菜适合在冰箱中存放。芹菜茎叶失水后，叶片发黄，纤维增多，品质下降。芹菜贮存过程中，可用保鲜膜包裹、保鲜袋包装等方法预防失水。家庭简易贮藏就是采收后将芹菜捆成直径 30cm 左右的小捆，放在防寒沟或池内，上面覆盖湿润的秸秆、湿土，取出芹菜后放在 8~10℃下缓慢解冻，解冻后即可食用。

冬瓜秋季采后耗损轻减实用技术

冬瓜营养丰富，富含钾、钙、磷、铁等人体所需矿质元素和多种维生素，水分多，味清淡，老瓜、嫩瓜均可食用，有清热、解毒、利尿、祛痰、消肿等作用。冬瓜秋季种植，经过贮藏后供应冬季市场，不仅能弥补北京冬季蔬菜种类的不足，丰富北京"菜篮子"，也能提高种植效益。在此情况下，为了减轻冬瓜秋季采后耗损，做好采后管理工作就显得尤为重要。

1. 适时采收

冬瓜类型较多，有大型、中型、小型品种。冬瓜生育期时间一般为35~50d，冬瓜没有严格的采收标准，老嫩瓜均可采收，嫩瓜满足商品性要求即可采收，但贮藏的冬瓜应老熟后采收。为提高耐贮性，使果肉组织充实、水分含量适宜，采收前10d停止施肥浇水；雨后不采收，晴天下午不采收，避免水分含量高，温度高，影响贮藏效果；采收时间应选在晴天的上午进行；采摘时留3cm瓜柄。采收后的运输过程中，不能抛掷、滚地和碰撞。

2. 关注商品性

贮藏的冬瓜和采收后直接食用的冬瓜对成熟度要求不同，贮藏的冬瓜要求老熟，直接食用的冬瓜可以是老熟瓜，也可以是嫩瓜。落秧种植的冬瓜，为提高品相，应在生长前期，在冬瓜底部垫上泡沫等，避免与泥土直接接触。带有蜡粉的冬瓜品种应保护好蜡粉。有机械损伤或冰雹打过的冬瓜，不适宜贮藏。影响冬瓜商品性的问题有：有蜡粉品种蜡粉层被破坏，有被冰雹打过的斑点，有机械损伤，底部有泥斑，成熟度不适宜，果肉疏松，甚至糠心等。直接销售的冬瓜，对成熟度要求不严格。北京市用于贮藏的冬瓜包括黑皮冬瓜和绿皮带蜡粉南瓜两种类型，一些小型嫩冬瓜类型，果肉薄，不适合长期贮藏。冬瓜商品性要求：颜色为深绿色或绿色，果实结实，果肉厚，无冰雹打过斑点，表层无机械损伤，无大面积疤痕，无糠心、烂心、病虫害问题。

3. 贮运保鲜技术

采收后准备贮藏的冬瓜，先在20℃左右的通风库或荫棚下预贮，时间为 15d，促进瓜皮老化，以利于贮藏。预贮后的冬瓜进行挑选分级，筛选出因摩擦、挤压造成内伤的，因振动使瓜瓤部分遭受内伤的，挑选出被冰雹打过的瓜。冬瓜贮藏包括窖藏、通风库、冷库等贮藏方式。码放方法为码垛或架藏。架藏就是把挑选后适合贮藏的冬瓜，码放在贮藏支架上，分层码放，码放层数和高度与单瓜重量大小有关。贮藏温度为 10~15℃，相对湿度为 70%~75%，通风良好。青皮冬瓜需要温度低些，白皮有蜡粉的冬瓜，贮藏温度高一些。京郊部分合作社把贮藏的冬瓜放入冷库中，准备在过元旦后销售，提高附加值，但由于库内温度低，又不通风，造成冷害问题发生，应引起重视。运输配送、装运过程中，应避免磕碰。出库后，有机械损伤、冷害不适宜整瓜销售的，可切块后销售，也可把冬瓜加工成冬瓜干、脱水冬瓜和糖渍冬瓜制品。

4. 家庭贮藏

冬瓜适宜贮藏温度为 10~15℃。家庭可在房间内贮藏冬瓜，放在干燥、通风的环境中存放。购买小块的冬瓜，直接食用即可，暂时食用不完的部分，保存在冰箱中，不超过 5d，不会遭受冷害。

附 图

生菜运输配送过程使用冰瓶作为辅助降温措施

按照成熟度采收结球生菜

采收的生菜贮藏在冷库待销

生菜预冷包装

受到冷害的芹菜

芹菜失水后萎蔫

芹菜裹膜包装方式

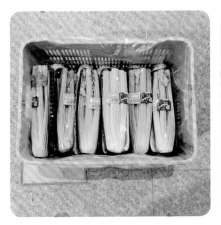

西芹托盘 + 保鲜膜包装方式

芹菜采收

心内发生腐烂的白菜

油菜气调包装方式

油菜周转包装

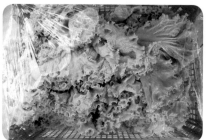

保鲜膜包裹，保持菜体免受冷害

叶菜机械包装方式

苗菜采收

苗菜冷库暂存覆盖湿保温被保持湿度

苗菜包装方式

菠菜苗菜包装

出现抽薹和有蚜虫的油菜

油菜周转包装

油菜主要包装方式

待采收番茄

番茄远距离运输包装方式

番茄礼盒包装方式

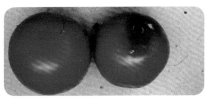

贮藏番茄冷害、病害

番茄周转包装方式

番茄电商包装

机械流水线包装番茄

套袋黄瓜生长栽培方式

商品性差的黄瓜

采收后的套袋黄瓜

采收后对黄瓜挑选分级

机械流水线包装黄瓜

黄瓜商超包装方式

配送企业收货现场

检查茄子分级后效果

贮运销过程措施不当出现机械损伤的茄子

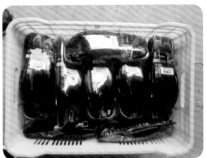

茄子包装方式

茄子保持水分方法

果类蔬菜包装方式

包装方式不合理造成运销环节机械损伤的番茄

采收后待分级

丝瓜冷害

有抽薹迹象的甘蓝

紫甘蓝电商包装方式

甘蓝电商包装方式

甘蓝冷库贮藏

菠菜包装前准备

菠菜采收后用保鲜膜防止萎蔫

菠菜包装生产线

菠菜商超销售包装

湿度过大引起菠菜腐烂

采收后的韭菜

分级后准备包装的韭菜

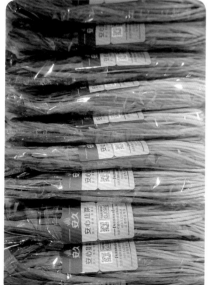

韭菜商超包装方式

露水未干采收的韭菜，发生腐烂问题

香菜采收后包装

贮藏过程中腐烂

盖上纸张防止香菜失水

香菜包装

采收后待包装的奶白菜

抽薹的奶白菜

商品性好的奶白菜

奶白菜包装方式

采收后运至冷库预冷的大白菜

大白菜贮藏不当出现腐烂

有虫眼的小白菜

小白菜包装方式

已经纤维化的苋菜

符合采收标准的苋菜

苋菜保鲜盒包装

苋菜保鲜袋包装

甜椒田间进行分级

分级后待包装红色甜椒

分级后待包装黄色甜椒

甜椒电商网套包装

畸形甜椒

苦瓜网套包装防止机械损伤

苦瓜电商包装方式

苦瓜批发包装方式

苦瓜托盘 + 网套包装

苦瓜商超包装方式

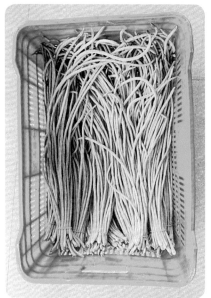

采收后周转包装方式

豇豆商超包装方式

发生锈病的豇豆

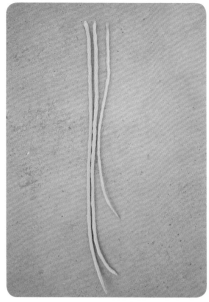

尖部发生病毒病的豇豆

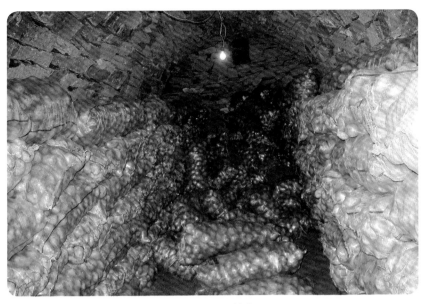

改良窖贮藏马铃薯

冷库贮藏马铃薯

贮藏中发生腐烂的马铃薯

马铃薯周转包装

马铃薯商超销售包装

包装洋葱

发生腐烂的洋葱

洋葱的包装方式

洋葱的包装方式

洋葱冷库贮藏

胡萝卜传统沟藏方式

胡萝卜冷库贮藏方式

胡萝卜包装前清洗

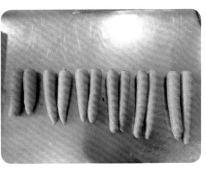

按照标准进行胡萝卜分级

胡萝卜网袋包装

胡萝卜塑料袋包装

采收后待分级的西蓝花

西蓝花分级标准

西蓝花防渗布 + 碎冰保鲜

西蓝花碎冰保鲜

西蓝花预冷前粗加工

达到采收期标准的栗蘑

栗蘑整朵包装

栗蘑分级包装

栗蘑激光打孔、塑料盒、槽型盒 + 保鲜膜包装

栗蘑按照长度进行分级

栗蘑采后加水预防菌盖开裂

发生冷害的丝瓜

果肉发绵品质差的丝瓜

丝瓜加工包装

丝瓜包装方式

采后准备贮藏的甜玉米

采收后待预冷的甜玉米

甜玉米包装方式

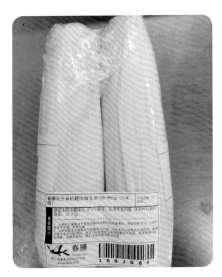

甜玉米电商包装方式

甜玉米商超销售

冷库贮藏南瓜

贮藏冷害造成南瓜腐烂

南瓜电商包装方式

果面水雾影响南瓜贮藏期

南瓜商超销售包装

南瓜电商包装

入窖前鲜姜

正在生长的鲜姜

采收过晚发生冷害的鲜姜

贮藏温度高鲜姜发芽

鲜姜贮藏发生冷害症状

商品性差的萝卜

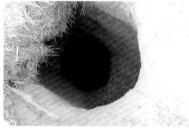

采收后待运输的萝卜

蔚县地窖贮藏心里美萝卜

特色萝卜

不规范的萝卜电商包装方式

利用冬季闲置大棚贮藏大白菜

假植贮藏大白菜

沟藏大白菜

采收时成熟度过高，
大白菜贮藏期爆球

贮藏 5 个月后的大白菜

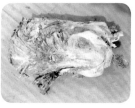

大白菜贮藏温度高、湿度低
出现干叶问题

利用冬季闲置大棚贮藏娃娃菜

娃娃菜裹膜包装

娃娃菜电商包装

娃娃菜套保鲜膜预防冷害

挖沟减少山药机械损伤

山药入库贮藏

垫棉被减少山药运输过程中的机械损伤

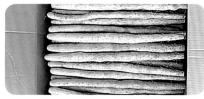

山药成品

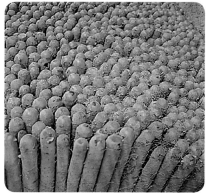

山药商超销售包装方式

山药储存

田间生长的大葱

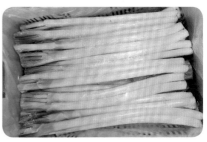

大葱裹膜包装

短期贮藏后准备加工的大葱　　　　　人工裹膜包装

冬瓜采收后在冷库存放

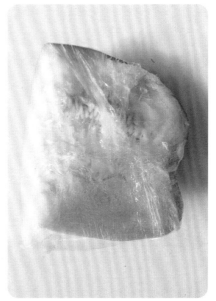

冬瓜腐烂

冬瓜电商配送

冬瓜批发包装方式